Franz Jacobs
Helmut Meyer

Geophysik – Signale aus der Erde

In der populärwissenschaftlichen Sammlung

Einblicke in die Wissenschaft

mit den Schwerpunkten Mathematik – Naturwissenschaften – Technik werden in allgemeinverständlicher Form

- elementare Fragestellungen zu interessanten Problemen aufgegriffen,
- Themen aus der aktuellen Forschung behandelt,
- historische Zusammenhänge aufgehellt,
- Leben und Werk bedeutender Forscher und Erfinder vorgestellt.

Diese Reihe ermöglicht interessierten Laien einen einfachen Einstieg, bietet aber auch Fachleuten anregende, unterhaltsame und zugleich fundierte Einblicke in die Wissenschaft.

Jeder Band ist in sich abgeschlossen und leicht lesbar.

Franz Jacobs / Helmut Meyer

Geophysik – Signale aus der Erde

Springer Fachmedien Wiesbaden GmbH

Prof. Dr. habil. Franz Jacobs
Dr. habil. Helmut Meyer

Universität Leipzig
Fachbereich Physik
Institut für Geophysik, Geologie und Meteorologie

Die Deutsche Bibliothek – CIP-Einheitsaufnahme

Jacobs, Franz:
Geophysik – Signale aus der Erde / Franz Jacobs ; Helmut Meyer.
Fachvereine, 1992
(Einblicke in die Wissenschaft : Geowissenschaften)
ISBN 978-3-8154-2501-5 ISBN 978-3-663-12132-9 (eBook)
DOI 10.1007/978-3-663-12132-9
NE: Meyer, Helmut:

Ursprünglich erschienen bei B.G. Teubner Verlagsgesellschaft, Leipzig 1992

Umschlaggestaltung: E. Kretschmer, Leipzig

Vorwort

Die 90er Jahre unseres Jahrhunderts - das Jahrzehnt der Geowissenschaften. Diese These mag sehr optimistisch klingen, doch haben wir allen Grund zu der Annahme, daß diese Prognose Wirklichkeit wird.

In den 60er Jahren hatte eine geowissenschaftliche Erkenntnis unser Bild der Erde revolutioniert wie wohl kaum eine andere seit Kopernikus: das Phänomen der Plattentektonik. Unsere mehrere Kilometer dicke Erdkruste besteht aus driftenden, aufreißenden, kollidierenden, mal abtauchenden und mal aufsteigenden kontinentalen und ozeanischen Platten.

Während der 70er Jahre erhielten die Erdwissenschaften kräftige Impulse durch das vom Club of Rome vorhergesagte und durch hemmungslosen Verbrauch und Ölkrise heraufbeschworene Schreckgespenst Rohstoffmangel. Die geologisch-geophysikalische Lagerstättensuche und -erkundung wurden kräftig angekurbelt.

Die 80er Jahre weiteten den Blick und schärften das Bewußtsein für die globalen Probleme des Umgangs mit der Umwelt, für die Gefahren durch Naturgewalten, von Erdbeben- und Vulkankatastrophen bis zum Ozonloch und zur Klimaentwicklung.

Die in den letzten Jahrzehnten angehäuften geowissenschaftlichen Fragen liegen heute gebündelt auf dem Tisch. Programme zur Lösung im lokalen, regionalen und globalen Maßstab sind angelaufen.

Viele Menschen interessiert die Bewältigung der mannigfaltigen Geoprobleme unserer Zeit. Sie wollen mitgestalten oder möchten ganz einfach verstehen, was in der festen Erde vorgeht, wohin sich unsere Lufthülle entwickelt und wie die Zukunft des Wassers auf und in der Erde aussieht. Doch Verständnis von Naturereignissen oder gar aktives Eingreifen setzt Kenntnis der Erscheinungsformen, des Stoffbestandes, der Materialeigenschaften, der ablaufenden Prozesse und der wirkenden Kräfte voraus. Dies zu vermitteln, ist ein Anliegen unseres Buches.

Die Gesteinskruste, die das glutflüssige Erdinnere verhüllt, trägt nicht nur alles Leben der Erde. Sie ist auch die nie versiegende Quelle allen Reichtums, wenn wir sorgsam damit umgehen.

Was wissen wir über die Welt unter unseren Füßen?
Bergleute treiben Schächte fast 4 km in die Tiefe und reißen kilometerweite Tagebaulöcher auf. Bohrmeißel fressen sich mehr als 10 km tief in die spröde Erdkruste.

Aber all diese Attacken sind nur Nadelstiche in den mächtigen Gesteinspanzer Erdkruste. Erst die Erfahrung und die Phantasie der Geologen, gepaart mit dem Wissen und den Daten der Geophysiker, läßt ein immer genaueres Abbild des Untergrundes in den Köpfen der Geowissenschaftler und auf den Bildschirmen ihrer Computer entstehen.

Der Geophysiker richtet seine Blicke in die Erde, indem er ihre Signale mit empfindlichen Instrumenten empfängt und die gewonnenen Informationen richtig deutet.

Dieses Buch berichtet von der Arbeit der Geophysiker, vom Erkunden des Inneren der Erde. Erdschwerkraft, Erdmagnetismus, natürliche und künstliche Erdelektrizität, künstliche seismische Erdbeben, Erdradioaktivität, Erdwärmeströme und Erdfernerkundung stehen im Mittelpunkt dieser Einführung in die Geophysik.

Die Verfasser danken Herrn Dr.H.A.K. Edelmann, Hannover, für mancherlei Ermutigung und kritische Hinweise. Herrn Dr.A. Berthold, Leipzig, gilt unser Dank für die Unterstützung bei der Zusammenstellung der Maßeinheiten der Geophysik.

Nicht zuletzt sind die Autoren der B.G.Teubner Verlagsgesellschaft, Stuttgart und Leipzig, besonders den Herren Dr. P. Spuhler und J. Weiß, für die angenehme Zusammenarbeit zu Dank verpflichtet.

Leipzig, im Juni 1992

Franz Jacobs
Helmut Meyer

Inhalt

Schatzsuche in der Tiefe

Zu den unterirdischen Vorratskammern...

Die Erde trägt den Menschen und beherbergt die Quellen seines Reichtums.Sie bringt Nahrung hervor und hält Rohstoffe bereit. Die biologischen, wie Holz, Baum- und Schafwolle, verdanken wir Pflanzen und Tieren. Sie können bei kluger Nutzung durch den Menschen immer wieder ausreichend nachwachsen. Nicht erneuerbar sind die mineralischen Rohstoffe, die als Bodenschätze - meist seit Jahrmillionen - in der Erde lagern. Dazu gehören die Erze (Schwarz-, Bunt-, Leicht- und Edelmetallerze), die Energierohstoffe Kohle, Erdöl und Erdgas (auch als Brennstoffe oder Energieträger bezeichnet), Salze (vor allem Kali- und Steinsalz) sowie Bau- und Werkstoffe (von Sand und Ton über Kalk bis zum Granit). Und da ist schließlich noch das Wasser, unser wichtigster Rohstoff, unser Lebenselixier.

Immer mehr Menschen erblicken das Licht der Welt. Heute bevölkern schon über 5 Milliarden Erdenbürger unseren Planeten. Im Jahre 2000 werden es weit mehr als 6 Milliarden sein. Sie wollen leben und sollen menschenwürdig aufwachsen, ohne Angst vor einem Morgen mit leeren Händen. Der Bedarf an Nahrung, Kleidung und Wohnraum wächst ständig. Der Weltverbrauch an Rohstoffen kletterte im Jahre 1990 über die gigantische Zahl von 60 Milliarden Tonnen. Im Jahr 2000 werden schätzungsweise 100 Milliarden Tonnen Rohstoffe der Erde entrissen (Abb. 1). Könnte man all diese Naturgüter zu einer Pyramide aufschütten, sie wäre an den vier Seiten 5 km lang und wüchse ebensoweit in die Höhe. Die weltberühmte Cheopspyramide in Gizeh bei Kairo verschwände darin zwanzigtausendmal. Täglich verbrauchen die Erdenbewohner über 50 Cheopspyramiden an Rohstoffen.

Die Menschen verfeuern gegenwärtig in jedem Jahr soviel Kohle, wie die Natur in 4 Millionen Jahren Erdgeschichte angereichert hat. Die Bohrsonden der Erdölfelder saugen an einem einzigen Tag die in 50000 Jahren biologischer Entwicklung herangereifte "Ölernte" aus der Erdkruste. Über 40 t Rohstoffe verbrauchte im Jahr 1990 jeder Mensch, der in einem entwickelten Industrieland lebt. Durchschnittlich das Doppelte unseres Körpergewichts stecken wir täglich in Nahrung, Kleidung, Baumaterial, Werkstoffe und vor allem in Energie. In dieser Bilanz fehlt sogar noch das lebenswichtige Wasser, von dem im Durchschnitt täglich

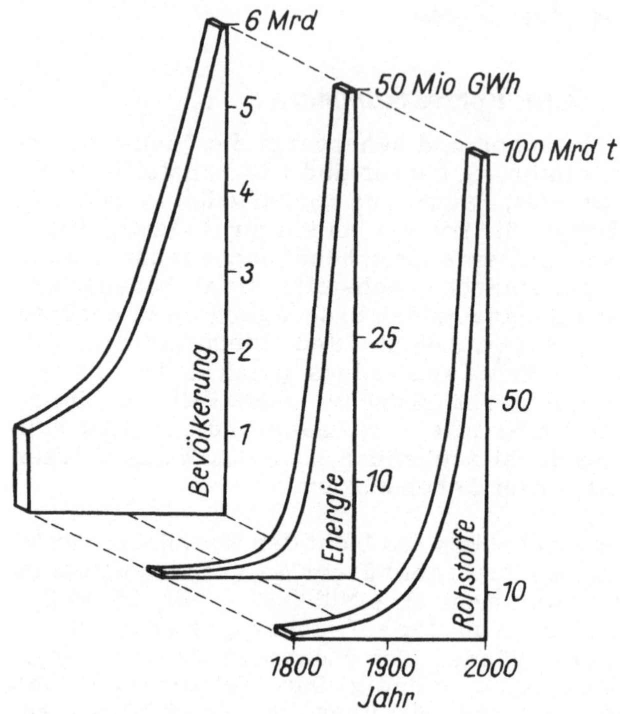

Abb. 1 Weltbevölkerung und Verbrauch von Energie und Rohstoffen

mehr als 1400 Liter pro Einwohner verbraucht werden. Das sind etwa 140 Eimer oder über das Zwanzigfache des mittleren Körpergewichts.

Zwei Drittel aller Rohstoffe (Abb. 2) müssen unter der Erdoberfläche hervorgeholt werden. Sie sind im Schoß der Natur oft unter einem kilometerdicken Gesteinspanzer verborgen. Ihre Gewinnung gelingt nur dank dem Fleiß und dem Geschick des Bergmanns. Immer schwieriger wird die Suche nach neuen Lagerstätten. Die Erde hält ihre Schätze wie in riesigen Tresoren gefangen. Immer komplizierter wird für uns die Entschlüsselung der Codes, die uns helfen können, diese Schatzkammern zu finden und zu öffnen.
Erfolgreiche Suche und Erkundung (Prospektion) von Lagerstätten erfordert den Einsatz modernster Naturwissenschaft

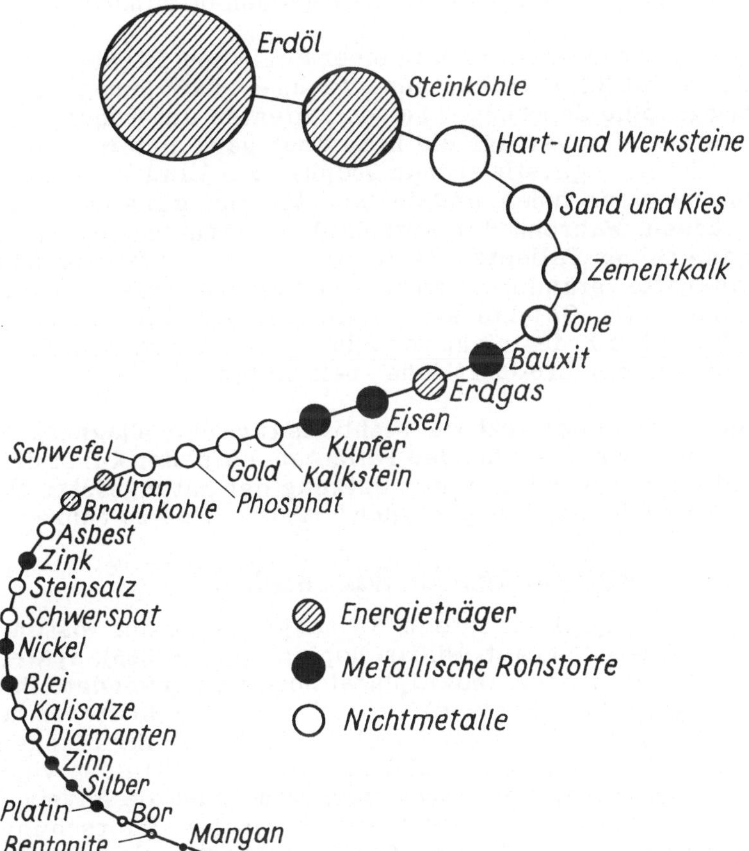

Abb. 2 Die Rohstoffschlange (Wertordnung wichtiger Energie- und Mineralrohstoffe) [1]

und Technik. Die neuesten Erkenntnisse der Physik sind ebenso gefragt wie empfindliche Meßgeräte, hochleistungsfähige Computer und die Erfahrungen der Geologen. Mit deren Hilfe werfen die Geophysiker Blicke in die Erde: zu Lande, auf dem Wasser und aus der Luft, mit Lkw, Jeeps, Helikoptern, Amphibienfahrzeugen und Schiffen. In schwierigem Gelände oft auch zu Fuß unterwegs, richten sie ihre hochempfindlichen Geräte auf die verdeckten Strukturen der Erdkruste. Von den verborgenen Gesteinen gehen natürliche Kraftfelder aus, die viel von der Art, der Form und der Tiefe ihrer Quellen offenbaren.

Der Geophysiker befindet sich in einer ähnlichen Situation wie der Arzt, der mit Hilfe von Röntgenaufnahmen, EKG, Sonographie oder Tomographie den Körper seines Patienten untersucht und durchleuchtet. Nur verfügt die Erde über ganz andere Dimensionen, und der diagnostizierende Geophysiker kann sie nicht in sein Sprechzimmer holen und in eine für ihn günstige Lage zurechtrücken. Während der Arzt dank der Anatomie die Lage der Organe seines Patienten kennt und "nur" deren Zustand oder krankhafte Veränderungen aufspürt und bewertet, muß der Geophysiker seine Objekte erst einmal suchen. Auch kann er seinen "Patienten Erde" nicht von allen Seiten durch-, sondern er muß ihn von der Erdoberfläche "beleuchten".

Schließlich erfährt der Arzt viel Wichtiges für seine Diagnose im Gespräch mit dem hilfesuchenden Patienten. Es ist der Kunst des Geophysikers vorbehalten, unter Nutzung der Naturgesetze als Dolmetscher auch das "Zwiegespräch" mit der Erde zu führen.

Geophysik - eine praktische Wissenschaft

Der Begriff Geophysik tauchte im Sprachgebrauch der Wissenschaftler erstmals 1835 auf. William Hopkins (1793-1866), später Präsident der britischen Geographical Society, verwendete ihn in der zu Cambridge (England) erscheinenden Schriftenreihe "Transactions of Philosophical Society". Nicht zufällig bezogen zuerst die Geographen und Geologen etwa zur Mitte des vergangenen Jahrhunderts in immer stärkerem Maße die Physik - aber auch die Chemie und die Mathematik - in die Erforschung der Erde ein. Es war die Zeit großer Entdeckungsreisen in das Innere der Kontinente, um die letzten weißen Flecken auf den Landkarten zu tilgen. Das Bestreben, die Erde und die auf ihr stattfindenden Prozesse als Ganzes zu begreifen, machte physikalische Beobachtungen rings um den Globus notwendig. Es erforderte geophysikalische Gemeinschaftsprojekte wie 1882/83 die Expeditionen im Rahmen des 1. Internationalen Polarjahrs, aus dem später das Internationale Geophysikalische Jahr hervorgehen sollte.

Auch die Vulkan-Katastrophe 1883 auf der zwischen Sumatra und Java gelegenen indonesischen Insel Krakatau mit ihren weltweiten Auswirkungen auf die atmosphärische Zirkulation trug wesentlich dazu bei, das Interesse der Gelehrtenwelt, aber auch die Aufmerksamkeit der Öffentlichkeit auf Ursachen und Wirkungen globaler physikalischer Prozesse zu lenken.

Das Schwerefeld der Erde, die magnetischen Stürme in der Atmosphäre, die natürliche Elektrizität des Erdkörpers und nicht zuletzt das damals noch rätselhafte Phänomen Erdbeben wurden zu aktuellen Herausforderungen der gerade entstehenden Wissenschaft Geophysik.

Im Jahre 1889 registrierte der deutsche Naturforscher E.v. Rebeur-Paschwitz (1861-1895) in Potsdam erstmals ein Erdbeben, dessen Erschütterungen von einem Herd im 11.500 Kilometer entfernten Japan ausgingen. Das Studium der Erdbeben eröffnete gänzlich neue Möglichkeiten zur Erforschung des Erdinnern, das für den Menschen im wahrsten Sinne des Wortes noch im tiefsten Dunkel lag. Der deutsche Geophysiker Emil Wiechert (1861-1928) erkannte Ende des vergangenen Jahrhunderts aus der Beobachtung von Erdbebenwellen und der Erdanziehungskraft die Existenz eines glutflüssigen Erdkerns mit einer höheren Dichte als Eisen. Die Möglichkeit, mit Hilfe von physikalischen Messungen an der Erdoberfläche auf verborgene Gebilde im Erdinnern zu schließen, faszinierten den damaligen "Fürsten der Mathematiker" Felix Klein (1849-1925) so sehr, daß er Wiechert nach Göttingen holte. So entstand 1899 die erste Professur für das Fach Geophysik.

Man bezeichnet die Geophysik zur Erforschung großräumiger regionaler und globaler physikalischer Zustände und Prozesse als *Allgemeine Geophysik*. Natürlich trägt auch diese heute ganz wesentlich zur Lösung praktischer Probleme bei: Wettervorhersage, Erdbebenprognose, Magnetsturmwarnung, Ozeanforschung für Schiffahrt und Fischfang...

Mit dem beschleunigten Vorwärtsdrängen von Wissenschaft und Industrie, vor allem dem ständig steigenden Bedarf an Rohstoffen, entwickelte sich aus der Allgemeinen Geophysik in den ersten Jahren unseres Jahrhunderts im Grenzgebiet von Geophysik und Geologie die *Angewandte Geophysik*. Sie fußt auf den exakten Naturwissenschaften, verwendet physikalische Meßgeräte, erforscht die Lage, Form und Eigenschaften verborgener geologischer Körper und Strukturen in der Erdkruste (Abb. 3). Sie liefert praktisch nutzbare Informationen an den Geologen, an den Bergmann, an den Tiefbauer, an den Umweltingenieur.

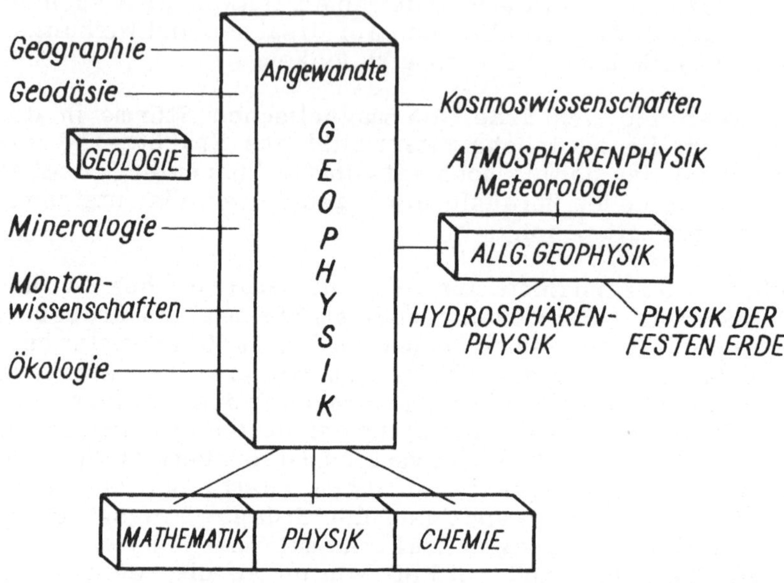

Abb. 3 Angewandte Geophysik und Nachbarwissenschaften

Die angewandte Geophysik dient vor allem der Suche und Erkundung von Rohstoff- und Energievorräten. Sie leistet auch wesentliche Beiträge zum ökonomisch günstigen, kontinuierlichen und möglichst verlustarmen und umweltschonenden Abbau von Lagerstätten. Bei der Beherrschung komplizierter bergbaulicher und gesteinstechnischer Situationen (Rutschungen, Setzungen, Erdfälle) hilft der Geophysiker durch Standsicherheitsbeurteilungen in Tagebauen, rings um Restlöcher und an Halden sowie bei Langzeitüberwachungen zur Erkennung von Gebirgsschlägen, Gas- oder Wasserausbrüchen in untertägigen Grubenbauen . Im Ingenieurbau leistet die Geophysik Beiträge zur Erkundung des Baugrundes von Gebäuden und Verkehrswegen und zur Kontrolle der Stabilität des Systems Baugrund/Bauwerk. In zunehmendem Maße sind die Dienste des Geophysikers im Umweltschutz gefragt. Die Erkennung von Altlasten (Deponien, Hohlräumen) und die Beurteilung von untergrundbedingten Strahlungsbelastungen und Schadstoffausbreitungen im Boden, insbesondere im Grundwasser, sind aktuelle Herausforderungen an die Geophysik.

Der Erfolg geophysikalischer Arbeiten kann sich nur im engen Zusammenwirken mit anderen geowissenschaftlich und geotechnisch orientierten Fachgebieten einstellen. Besonders mit dem Geologen sollte der Geophysiker die Probleme am jeweiligen Untersuchungsobjekt angehen. Gänzlich ohne Informationen aus Bohrungen werden beide ihre Aufgaben nicht lösen können. Bohrungen sind teuer, und die Wahl der Bohrpunkte entscheidet oft über Erfolg oder Mißerfolg eines Erkundungsprojektes. Bohrungen sollten nur dort niedergebracht werden, wo nach Angaben des Geophysikers die größte Informationsausbeute zu erwarten ist. Auf einer großen Fläche, unter der eine Lagerstätte, ein Erzgang oder ein Kohleflöz vermutet wird, erfordert die Anlage eines regelmäßigen, flächendeckenden Bohrpunktnetzes erhebliche Mehrkosten gegenüber einem Bohrmuster, das nach Angaben der Geophysik nur die Bereiche überdeckt, in denen mit einem Wechsel von Gesteinsgrenzen zu rechnen ist. Ein beträchtlicher Anteil der gegenüber den geophysikalischen Messungen wesentlich teureren Bohrungen kann so eingespart werden. Die Informationen zur seitlichen Abgrenzung der Lagerstätte, zur Tiefenlage und zum Inhalt sind dann trotz geringen Aufwands deutlich aussagekräftiger.

Natürlich bleiben dem Einsatz und dem Erfolg der Geophysik auch Grenzen gesetzt. Aufgrund der ständig komplizierter werdenden Fragen zu den Objekten und Vorgängen unter unseren Füßen muß der Geophysiker seine Antworten noch zu oft in die Möglichkeitsform kleiden. Das liegt in der Natur der zu lösenden Aufgabe. An die Geophysik herangetragene praktische Probleme sind mit Sicherheit nur lösbar, wenn die physikalischen Eigenschaften der gesuchten Objekte sich ausreichend von ihrer Umgebung, dem Nebengestein, unterscheiden, wenn die Nutzsignale deutlich die Störeinflüsse (Rauschen) überdecken und wenn im Meßbefund nicht allzu viele voneinander abweichende geologische Deutungsmöglichkeiten liegen (Tab. 1).

Die Interpretation geophysikalischer Messungen wird durch geologische Zusatzinformationen, z.B. aus einer Testbohrung, sehr erleichtert oder in vielen Fällen überhaupt erst möglich. Das vom Geophysiker entworfene Abbild des Untergrundes spiegelt die Natur niemals exakt wider. Geologische Gebilde, insbesondere die Anreicherungen nutzbarer Minerale, sind keine geometrisch einfach geformten Körper. Darstellungen als Platte, Kugel, Würfel oder Zylinder können immer nur Näherungen sein. Eine weitere unangenehme Tatsache ist für den Geophysiker die

Tab.1 Verfahren der angewandten Geophysik und ihre physikalischen Basisgrößen

GEOPHYSIKALISCHES VERFAHREN	PHYSIKALISCHES GEBIET	PHYSIKALISCHE EIGENSCHAFT	MESSGRÖSSE	NATÜRLICHE URSACHE	KÜNSTLICHE QUELLE
GRAVIMETRIE	Mechanik	Dichte	Schwerebeschleunigung	Schwerkraft	-
GEOMAGNETIK	Magnetismus	Suszeptibilität Permeabilität	Magnetismus	Magnetkraft	-
GEOELEKTRIK	Elektrizität Elektromagnetik	Eigenspannung Stromleitung Induktion	Spannung Strom Intensität	Erdelektrizität	Elektrischer Strom
SEISMIK	Mechanik Optik	Elastizität	Laufzeit Geschwindigkeit	Erdbeben	Explosionen Mechanische Impulse
GEORADIOMETRIE	Radioaktivität	"Radioaktive" Strahlung	Aktivität	Radioaktivität	Ionisierende Strahlung
GEOTHERMIE	Wärme Thermodynamik	Wärmeleitung	Temperatur	Erdwärme	-
GEOPHOTOMETRIE	Optik	Reflektivität	Intensität	Sonnenstrahlung	Elektromagnetische Impulse

abnehmende physikalische Fernwirkung der von den gesuchten Objekten ausgehenden Kräfte. Mit zunehmender Entfernung dringen deutliche Signale nur von großen und stark ausgeprägten Körpern bis zu den Meßgeräten; kleine oder wenig kontrastreiche Gebilde wirken dagegen lediglich nur in geringer Entfernung vom Meßstandort. Entsprechend empfindlich und hochauflösend gegenüber schwachen geophysikalischen Anomalien müssen die Sensoren sein, gleichzeitig aber robust gegen Beanspruchung im Gelände und natürlich auch leicht, transportabel und unabhängig vom Stromnetz. Die Messungen finden im Freien oder unter Tage statt, und der Geophysiker hat mit zahlreichen, oft durch Witterung oder technische Anlagen bedingten Störungen auf sein ohnehin meist schwaches Nutzsignal zu rechnen.

Und die Wünschelrute?

Jedermann kennt die Bilder von den vielbestaunten Rutengängern mit ihren geheimnisumwitterten, vor dem Körper ausgestreckten gabelförmigen Instrumenten, ob aus Haselholz, aus Draht oder aus welchem Wundermaterial auch immer. Mancher wird einem solchen Magier auch schon in voller Aktion in natura begegnet sein, ihn vielleicht sogar angeworben, gespannt auf das Wippen der Rute gewartet und schließlich seiner Aussage vertraut haben.

Ursache der Rutenausschläge sollen geheimnisvolle unsichtbare Strahlen sein, deren Reize bestimmte Nerven und Muskeln anregen. Aber für die Wirkprinzipien ihres Handwerks interessieren sich die meisten Rutengänger nicht. Warum sollten sie auch den Schleier ihres Geheimnisses lüften wollen? Schlimmer ist allerdings, daß die Benutzer der Wünschelrute meist keine oder nur erschreckend falsche Vorstellungen über den Untergrund besitzen, zu dem sie so präzise Aussagen machen. Sie sind in der Regel nur für dasjenige "fühlig", was sie gerade suchen.

Unkenntnis der einfachsten Naturzusammenhänge hindert die meisten Rutengänger allerdings nicht, ihre Kunden mit pseudowissenschaftlichen Ausdrücken beeindrucken zu wollen. Sie orientieren sich gern an der Sprache der modernen Wissenschaft, verwenden Begriffe wie "elektrisch", "magnetisch", "biophysikalisch", "Resonanz".

Die Suche nach Erz, Salz, Kohle oder nach Erdöl gehört heute kaum noch zu den Offerten der Rutengänger. Vielleicht liegt es daran, daß diese Dinge nun wieder zu tief liegen und der einzelne damit kaum etwas anfangen kann. Aber das Wasser, unser wichtigster Rohstoff! Das nasse Element ist die Domäne der Wünschelrute. Unbestritten liegt die Erfolgsrate recht hoch. Schließlich findet man naturbedingt fast überall Wasser, wenn man nur tief genug bohrt. Außerdem kann ein guter Naturbeobachter aus Bodenfeuchte, Pflanzenwuchs, Geländeformen und Quellen oder Brunnen in der Umgebung viele wertvolle Hinweise auf die Verbreitung und auch die Tiefe des gesuchten Grundwassers finden.

Über dem Zufallsdurchschnitt liegen die Erfolge der Rutengänger, wenn verborgene Leitungen gesucht werden, Rohre, Elektrokabel, Wasserleitungen, Abwasserkanäle. Immer liegen diese Objekte in zugeschütteten, mehr oder weniger langen Gräben. Diese Eingriffe in die Natur haben Spuren hinterlassen. Sie sind zum Teil in irgendeiner Form noch erkennbar, und außerdem geht von jeder Leitung, inbesondere wenn sie durchflossen wird, eine meist recht starke physikalische Wirkung aus. Hier liegt auch das Körnchen Wahrheit der Wünschelrute, das der Kritiker nicht verschweigen sollte. Jede stoffliche Besonderheit erzeugt in ihrer Umgebung auch eine physikalische Anomalie (z.B. Elektrizität oder Magnetismus oder Strahlung). Aber selbst die verfeinerten Sinne eines Rutengängers, seine mögliche höhere Empfindlichkeit gegenüber physikalischen Kräften sind nachweislich nicht in der Lage, auch nur annähernd die Genauigkeit und Zuverlässigkeit der Instrumente des Geophysikers zu erreichen. Allerdings kann der Rutengänger, gerade im Fall der Suche nach Wasser oder Leitungen, dem Geophysiker durchaus überlegen sein, falls letzterer mit seinen Geräten nicht geschickt genug umgehen kann oder wenn seine mangelhaften geologischen Vorstellungen eine gewissenhafte Deutung der Meßergebnisse verhindern.

Man kann einem Rutengänger gewiß nicht übelnehmen, wenn er auf seinem Grundstück mit dem Wunderding herumexperimentiert, um vielleicht einen günstigen Standort für seinen Brunnen zu finden oder Urgroßvaters vergrabenen Familienschatz ans Licht zu bringen. Aber wenn er unter verlockenden Versprechungen anderen für Geld seine Rutenkünste anbietet, vorführt und trotz zweifelhaften Erfolgs kassiert, dann ist das schlicht Betrug. Und es wird strafbar, wenn Leute, die sich Radiästheten nennen, gesundheitsschädigende oder gar krebserregende Erdstrahlen aufzuspüren vorgeben und dann den verängstigten Leuten irgendwelchen elektronischen Plunder für teures Geld als "Entstrahlungsgeräte" aufschwatzen.

Rutengang - Bauernfang, hieß es schon im Mittelalter. Aber noch immer lebt der Wunderglaube an die geheime Kraft der Wünschelrute und wird wohl noch über Generationen fortleben. Wir sind uns darüber im klaren, daß überzeugte Rutengänger und ihre treuen Anhänger nicht zu bekehren sind. Aber dieses Buch soll auch keine Schrift *gegen* die Wünschelrute, sondern eine *für* die Geophysik sein.

Im Banne der Schwerkraft - die Gravimetrie

Von Galilei zum Erdsatelliten

Noch steht der schiefe Turm zu Pisa, aber unerbittlich zieht ihn "jemand" in bedrohliche Schräglage. Dieser Jemand ist die Schwerkraft, die Erdanziehung. "Alles fällt nach unten" heißt es, und wir denken zunächst an Gefahr, an das fallende Glas, an den Absturz eines Flugzeuges. Aber Erdanziehungskraft bedeutet auch Gewicht. Gewicht, das wir brauchen, um ein Bauwerk stabil auf die Erde zu setzen, um Wasser abfließen zu lassen, um damit Turbinen anzutreiben, um im Kirchturm die Glocken läuten zu lassen.

Zurück nach Pisa. Galileo Galilei (1564-1642) führte hier seine berühmten Fallversuche aus und fand das Fallgesetz: alle Körper - unabhängig von ihrer Masse - fallen gleich schnell und werden während des Falles beschleunigt. Diese Beschleunigung, auch Fall- oder Erdbeschleunigung genannt, beträgt etwa 10 $m \cdot s^{-2}$. Als Maßeinheit wurde später zu Ehren von Galilei das Gal eingeführt (1 Gal = 1 $cm \cdot s^{-2}$). Heute verwendet man dafür das $\mu m \cdot s^{-2}$, wobei 1 mGal = 10 $\mu m \cdot s^{-2}$ sind. Beim freien Fall wächst die Fallstrecke mit dem Quadrat der Fallzeit, also nach 1s - 5m, nach 2s - 20m, nach 3s - 45m, nach 4s - 80m ...

Welchem Kraftgesetz gehorcht der "nach unten", auf die Erde fallende Körper? Es war der Engländer Isaac Newton (1643-1727), der 1687 in seiner berühmten "Philosophiae Naturalis Principia Mathematica" das Grundgesetz der klassischen Physik

*Kraft = Masse * Beschleunigung*

fand und für eine Masse an der Erdoberfläche formulierte:

*Erdanziehungskraft = Masse * Erdbeschleunigung.*

Die Erdanziehungskraft wird auch Schwere oder Schwerkraft oder Attraktionskraft genannt (lat. gravis: schwer, lat. attraher: heranziehen, an sich ziehen). Sie hat nichts mit der Kraft eines Magneten zu tun. Im übrigen ist die Kraft des Erdmagnetismus wesentlich geringer als die Schwerkraft. Allerdings ändert sich die Schwerkraft beim Fortschreiten auf der Erdoberfläche um viel kleinere Beträge, so daß die örtlich bedingten

Schwereänderungen viel schwieriger zu messen sind als die Veränderungen der Magnetkraft.

Newton formulierte das Gesetz der Massenanziehung:

$$k \sim \frac{m_1 m_2}{r^2}$$

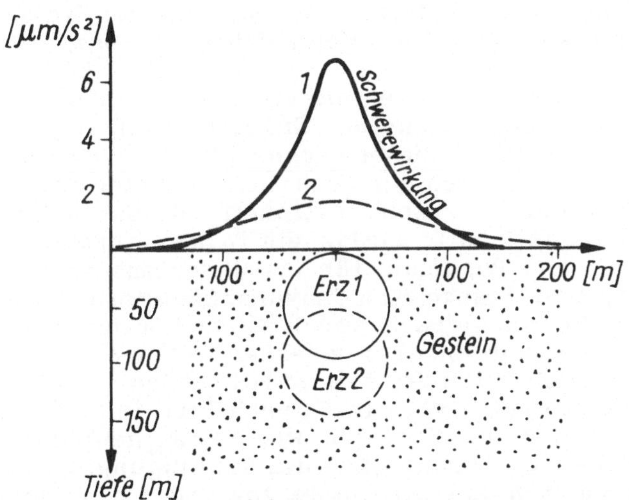

Abb. 4 Schwerewirkung von Erzkörpern (d=3.1·10³ kg·m⁻³) in unterschiedlicher Tiefe mit $d_{Gestein}$=2.6·10³ kg·m⁻³ [2]

Die Anziehungskraft, die zwischen zwei Körpern der Massen m_1 (z.B. ein Gegenstand auf der Erde) und m_2 (z.B. die Erdkugel) wirkt, ist indirekt proportional dem Quadrat des Abstandes r zwischen diesen Körpern. Sie nimmt also quadratisch mit der Entfernung ab. Eine kleine, aber nahegelegene Masse wirkt auf eine andere Masse daher viel kräftiger als eine große, aber ferngelegene Masse (Abb. 4).

Newtons Kraftgesetz macht klar, daß die Erdanziehungskraft und damit das Gewicht eines Körpers mit der Entfernung von der Erde abnimmt, also auch mit der Höhe über der Erde. Jedoch hatte der englische Naturforscher Robert Hooke (1635-1703), einer der berühmtesten Gelehrten und scharfsinnigsten Experimentatoren aus Newtons Zeit, bei Wägungsversuchen in verschiedenen Höhen keine Gewichtsveränderung feststellen können. Seine Meßinstrumente, einfache Waagen, arbeiteten nicht genau genug, denn die höhenabhängigen Gewichtsdifferenzen sind winzig klein. Ihr Nachweis gelang erst dem deutschen Physiker Philipp von Jolly (1809-1884) mittels einer Riesenwaage, wobei die untere Waagschale im Keller eines mehrstöckigen Hauses hing und das obere Gegenstück im Dachgeschoß. Um die Gewichtsdifferenz der 21 m voneinander entfernten 5-kg-Massen auszugleichen, mußte Jolly mehrere Milligramm zusätzlich auf die obere Waagschale legen. Daraus folgte eine Änderung der Erdbeschleunigung von etwa 3 $\mu m \cdot s^{-2}$ pro Meter Höhendifferenz.

Schon zu Newtons und Hookes Zeiten war ein anderes Phänomen entdeckt worden, die Veränderung der Erdbeschleunigung mit der geographischen Breite. Zu dieser Erkenntnis kam zuerst um 1690 der später vor allem durch den nach ihm benannten Kometen berühmt gewordene englische Astronom Edmond Halley (1656-1742). Im Jahre 1672 hatte nämlich ein Pariser Uhrmacher namens Peter Richer eine Pendeluhr für das Astronomische Observatorium in Cayenne (Französisch Guayana, Südamerika) gebaut. Das Chronometer war in Paris wegen seiner hervorragenden Präzision bestaunt worden, aber im fernen Cayenne fehlten dem Sekundenpendel etwa 150 Schläge in 24 Stunden, die Uhr ging 2 1/2 Minuten pro Tag nach. Zurück nach Paris in Richers Werkstatt gebracht, lief die Mechanik wieder mit gewohnter Genauigkeit. Da Halley die Abhängigkeit der Schwingungsdauer eines Pendels von der Schwerkraft kannte, zog er den richtigen Schluß, daß die Schwerebeschleunigung auf der rotierenden Erde vom Pol zum Äquator - und damit auch vom nördlich gelegenen Paris zum äquatornahen Cayenne - abnimmt. Heute wissen wir, daß ein Körper am Pol mit etwa 9.83 $m \cdot s^{-2}$ beschleunigt wird, während am Äquator wegen der größeren Mittelpunktsferne (Erdabplattung) und infolge der größeren Fliehkraft nur etwa 9.78 $m \cdot s^{-2}$ wirken. In unseren Breiten entspricht die horizontale Änderung der Schwerkraft in Nord-Süd-Richtung etwa 8 $\mu m \cdot s^{-2}$ pro Kilometer. Sie ist damit etwa 370mal geringer als die vertikale, höhenbedingte Schwereabnahme.

Bis zur Anwendung von Schwerkraftmessungen zwecks Untersuchung des Erdinnern war es noch ein weiter, mühsamer Weg. Als Entdecker von geologisch bedingten Schwereabweichungen (Schwereanomalien) gilt der französische Geodät Pierre Bouguer (1698-1758). Während einer von der französischen Akademie der Wissenschaften angeregten und finanzierten Südamerika-Expedition (1735-1743) fiel ihm auf, daß die Schwingungszeiten seiner selbstgebauten Pendelapparate auf dem Weg vom Tiefland zu den Höhen des Andengebirges deutlich zunahmen. Er vermutete richtig, daß nicht allein die Schwereabnahme mit der Höhe, sondern auch relativ leichte Massen unter dem Hochgebirge das Schwingen der Pendel verlangsamen. Von den Wurzeln der Faltengebirge, die mit ihrem relativ leichten Erdkrustengestein in das dichtere Material des Erdmantels eintauchen, wußte Bouguer freilich noch nichts. Auch die Vorstellungen vom Schalenaufbau des Erdkörpers entstanden erst später.

Im Jahre 1798 gelang dem englischen Chemiker und Physiker Henry Cavendish (1731-1810) ein bemerkenswertes Experiment, das die Newtonsche Proportion zwischen der Gravitationskraft K und den Massen m_1 und m_2 sowie deren Abstand r zu einer Gleichung machte. Er konstruierte eine Waage, an welcher der Waagebalken nicht wie gewöhnlich um eine horizontale Achse kippbar, sondern um eine senkrechte Achse drehbar gelagert war: eine Drehwaage. Der aus Holz gefertigte Waagebalken dieser Drehwaage hing an einem dünnen versilberten Kupferdraht und trug an seinen Enden zwei Massen von jeweils 730 Gramm. Von unterschiedlichen Seiten näherte Cavendish diesen Massen je eine 158-kg-Bleikugel bis auf 20 cm Entfernung. Die zwischen großen und kleinen Massen horizontal wirkende Schwerkraft lenkte die Enden des Waagebalkens um 2 cm aus. In dieser Stellung hielten sich Schwerkraft der Bleikugeln und Torsionskraft des leicht verdrillten Kupferdrahtes das "Gleichgewicht". Aus den bekannten Torsionseigenschaften des Drahtes errechnete Cavendish die Gravitationskonstante f für das Newtonsche Gesetz der Massenanziehung. Sie beträgt

$$f = 6.67 \cdot 10^{-11}\ m^3 \cdot kg^{-1} s^{-2}.$$

Damit wurde es möglich, die Masse der Erdkugel zu etwa 10^{24} kg zu bestimmen, das sind 1 Billion mal 1 Billion Kilogramm. Mit dem bekannten Erdradius R = 6370 km folgt für die mittlere Dichte der Erde $d_{Erde} \approx 5.5 \cdot 10^3\ kg \cdot m^{-3}$. Diese Dichte ist mehr als doppelt so groß wie die Dichte der meisten an der Erdoberfläche gefundenen Gesteine (z.B. $d_{Granit} = 2.65 \cdot 10^3\ kg \cdot m^{-3}$). Deshalb muß die Erde im Innern wesentlich dichter sein als an der Oberfläche, wobei der Gedanke an einen konzentrischen schalenförmigen Aufbau naheliegt.

Allerdings blieben die ersten Vorschläge, so 1833 vom englischen Astronomen John Herschel (1792-1871), für den Bau einer Federwaage zum Ausmessen des Schwerefeldes der Erde lange Zeit nicht realisierbar. Die damals zur Verfügung stehenden Federmaterialien des gewünschten Schweremessers, des Gravimeters, erwiesen sich als nicht sensibel genug, um die geringen vertikalen Schwereunterschiede durch eine Längenänderung der Feder sichtbar zu machen. Zudem reagierten die Federn zu empfindlich auf äußere Störeinflüsse wie Temperaturschwankungen. Erst 1918 gelangen Pollok in den USA erfolgversprechende Versuche, ein für die geologische Erkundung brauchbares Gravimeter zu konstruieren.

In der Zwischenzeit hatte die Messung der horizontalen Änderung der Erdschwere, des Horizontalgradienten, große Fortschritte gemacht. Der ungarische Baron Lorand von Eötvös (1848–1919) erprobte im Winter 1902 auf dem Eis des Balaton eine Doppelbalken-Drehwaage, deren Genauigkeit ausreichte, um mit ihrer Hilfe unterirdische verdeckte Gesteinsgrenzen aufzuspüren. Ihm zu Ehren lautet die Maßeinheit des Schweregradienten Eötvös (1 Eötvös = 10^{-9} s^{-2}, dies entspricht 1 $\mu m \cdot s^{-2}$ pro km).

1918 gelang dem Österreicher Schweydar in Norddeutschland der Nachweis von unterirdischen Salzstöcken. Ebenfalls mit einer Drehwaage fanden im gleichen Jahr die Amerikaner Hugo v. Boeck und E.W. Shaw in Texas unter der Erdoberfläche verborgene Aufragungen von Sedimentschichten (Antiklinalstrukturen). Nun setzte das Wettrennen der großen Ölgesellschaften ein, denn an den Flanken von Salzstöcken und in der Kappe von Antiklinalen kann Erdöl verborgen sein. Doch erst 1926 wurde bei Spindletop (Texas) Öl in wirtschaftlichen Mengen direkt durch eine allein mittels Drehwaagemessungen erkannte Schwereanomalie gefunden.

Hinsichtlich Genauigkeit, Robustheit und Meßfortschritt waren die Drehwaagen dennoch bald an ihren Grenzen angelangt. Die Gravimeter nach dem Federwaagenprinzip (Abb. 5) liefen ihnen den Rang ab. Dies geschah endgültig um 1934, als LaCoste in den USA und später die Firma Askania in Deutschland Präzisionsgravimeter auf den Markt brachten, die als unentbehrliche Hilfsmittel bei der Erdölsuche beträchtliche Gewinne erwirtschafteten. 1939 arbeiteten weltweit bereits mehr als 50 Gravimetertrupps.

Die Erforschung der Geheimnisse des Erdinnern ist heute ohne Gravimeter zu Lande, zu Wasser und aus der Luft nicht mehr

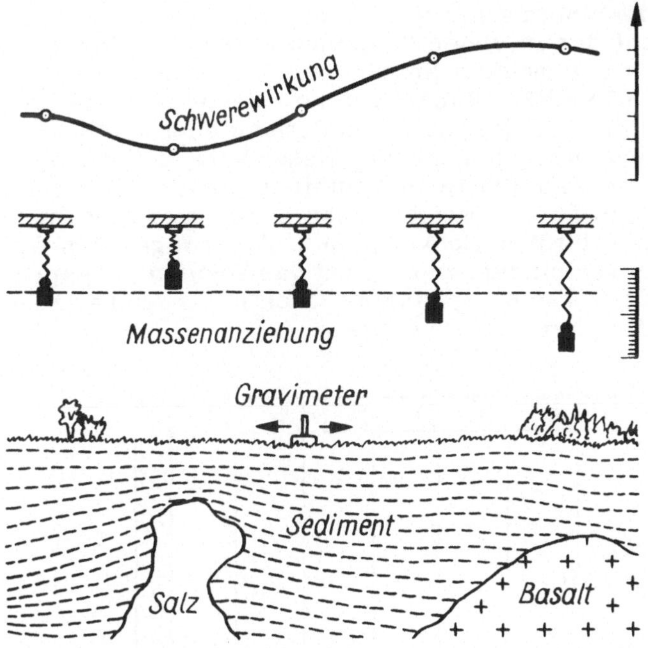

Abb. 5 Prinzip Gravimetrie

denkbar. Selbst die Bahnvermessungen der über 1000 km hoch die Erde umkreisenden Satelliten werden gravimetrisch genutzt: Bahnhöhenschwankungen - bis in den Zentimeterbereich erfaßbar - zeigen Dichteanomalien unter Kontinenten und Ozeanen.

Wie gewichtig sind Steine?

Der eine Stein liegt schwerer in der Hand, der andere leichter. Ein Klumpen Gold ist über siebenmal "schwerer" als ein gleichgroßes Stück Granit; im Vergleich zu diesem ist aber Bimsstein 4 1/2mal "leichter". Die Ursachen liegen in den unterschiedlichen Dichten, die gesteins-, element- oder materialspezifische Kennwerte sind. Ohne die Dichtedifferenzen der Gesteine wäre die Gravimetrie lediglich zur Ausmessung der Erdfigur sinnvoll anwendbar. Erst die dichtebedingten Inhomogenitäten im Untergrund schaffen die Anomalien der Schwerkraft an der Erdoberfläche. Die Dichte *d* ist der Quotient von Masse und Volumen und wird in $g \cdot cm^{-3}$ angegeben, neuerdings auch in $kg \cdot m^{-3}$. Die folgenden Angaben beziehen sich auf $g \cdot cm^{-3}$.

Gesteinsbildende Minerale haben Dichten zwischen 2.2 und 3.5; typisch vielleicht der in vielen Gesteinen enthaltene Quarz mit 2.65. Die Dichten der meisten Erzminerale liegen höher, in der Regel zwischen 3.5 und 7.9. Dunkel gefärbte Gesteine deuten auf höhere Dichten hin, weil die basischen Gemengteile, wie Glimmer und Pyroxen, gegenüber den sauren (Kieselsäure, heller Quarz) überwiegen. Risse und Klüfte in Gesteinen setzen die Dichte herab. Gleiches gilt für die meisten chemischen Verwitterungsprozesse, da sie oft mit auflockernden Umlagerungen des Gesteinsverbandes verbunden sind. So hat das Verwitterungsprodukt Kaolin mit 2.4 eine geringere Dichte als seine Ausgangsgesteine Porphyr (2.6) oder Granit (2.7).

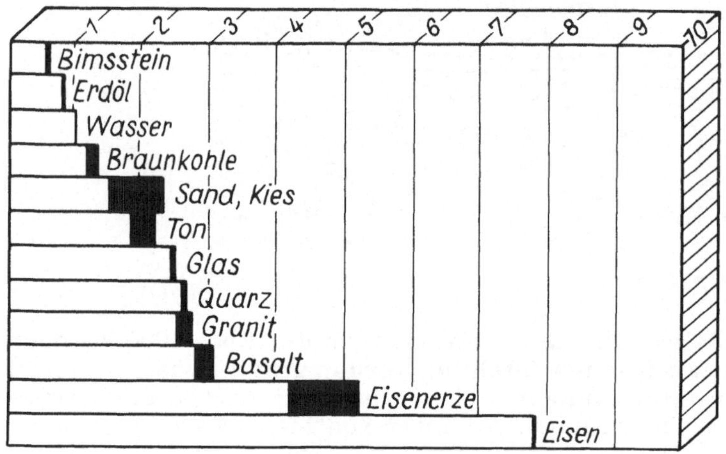

Abb. 6 Dichte ausgewählter Gesteine und Minerale (in 10^3 kg•m^{-3})

Verfestigung erhöht selbstverständlich die Dichte. Weicher Ton (1.9 - 2.2) wird zum festen Tonstein (2.4) und Schieferton (2.75). Lockerer Sand (1.7) verkieselt zum festen Sandstein (2.6); klüftiger Kalk (1.8) wird zum porenfreien Kalkstein (2.9) zementiert. Torf (1.03) inkohlt über Braunkohle (1.2) und Steinkohle (1.35) zu Anthrazit (1.8).

Mit der Füllung der Gesteinsporen steigt die Dichte. Trockener Feinsand (1.5) weist gegenüber bergfeuchtem Sand (1.8) niedrigere Dichten auf, nasser Sand erreicht hingegen Dichtewerte von mehr als 2.

Der Geophysiker ist gut beraten, sich bei der Deutung der gravimetrischen Meßwerte ein möglichst genaues Bild von den zu erwartenden Gesteinsdichten in seinem Meßgebiet zu verschaffen. Unangenehme Fehldeutungen werden ihm dann erspart bleiben.

Schwereanomalien zu interpretieren heißt, aus der Schwereverteilung an der Erdoberfläche auf die darunterliegenden geologischen Gebilde zu schließen und diese zu modellieren. Dabei darf nie außer acht gelassen werden, daß sich die gesuchte Schwereanomalie stets in einem Schwerefeld verbirgt, das aus den summarischen Beiträgen aller umgebenden Massen besteht. Der gesuchte Körper, die Lagerstätte, der Hohlraum oder was auch immer das gesuchte Objekt sein mag, kann nur erkannt werden, wenn seine Dichtedifferenz zur Umgebung genügend deutlich, seine Abmessung genügend groß und seine Tiefe genügend gering sind:

$$\text{Schwereanomalie} \sim \frac{\text{Körpergröße} \cdot \text{Dichtedifferenz}}{\text{Tiefe} \cdot \text{Tiefe}}.$$

Die Deutung eines Schwerebildes kann trotz kräftiger Anomalien sehr problematisch sein. Eine Kugel mit einer Dichtedifferenz zur Umgebung von 1 $g \cdot cm^{-3}$, einem Radius von 1 km und mit einer Mittelpunktstiefe von 5 km bewirkt an der Erdoberfläche die gleiche Schwerestörung wie drei ausgewählte gewölbte oder platte Schichten in unterschiedlichen Tiefen (Abb. 7). Dieses Äquivalenzprinzip gilt in der Geophysik ganz allgemein. Zu jeder Meßwertverteilung an der Erdoberfläche, zu jedem physikalischen Bild, zu jeder Wirkung gibt es unendlich viele Möglichkeiten von Quellenverteilungen, also Ursachen im Untergrund. Man kann – um bei der Gravimetrie zu bleiben – ein Gebilde im Untergrund hinsichtlich Dichte, Größe und Tiefe bei Berechnungen immer wieder so geschickt variieren, daß die ermittelten Schwerewirkungen an der Erdoberfläche die gleichen bleiben, somit äquivalent sind. Umgekehrt ist damit der Schluß auf die unterirdische Realität vom Meßbild allein nicht eindeutig. Geophysiker und Geologen müssen durch Zusatzinformationen über die Dichte und über die mögliche geometrische Form diese Vieldeutigkeiten einengen.

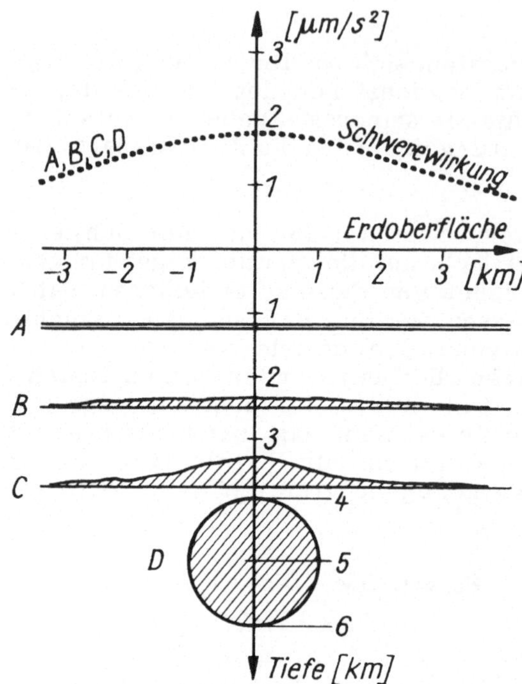

Abb. 7 Schwerewirkung von Schichten und Kugel: das Äquivalenzprinzip [3]

Bruchteile des Millionsten auf der Waage

Das Grundprinzip des Gravimeters ist die Kombination von vertikal aufgehängter Schraubenfeder und daran befestigter Masse. Die an der Masse nach unten ziehende Schwerkraft wird durch die elastische Gegenkraft der Feder ausgeglichen. Die Ausdehnung der Feder geschieht proportional zur Schwere. Gravimetrische Messungen an verschiedenen Punkten der Erdoberfläche zur Lokalisierung von Massen- und Dichteunterschieden unterhalb der Meßpunkte bedeuten nichts anderes als solche Wägungen, also Gewichtsbestimmungen.

Wie genau muß der Beobachter am Gravimeter die Längenänderung dl der massebelasteten Schraubenfeder messen? Da sich dl zur Länge l der Feder verhält wie die Schwereänderung dg zur

Gesamtschwere *g*, folgt für eine 10 cm lange Feder und g=10 m•s^{-2} bei einer gewünschten Genauigkeit dg=0.1 µm•s^{-2} eine Längenänderung dl=1 nm. Dieses Nanometer ist für die Meßtechnik kein Problem, aber das Federmaterial garantiert kaum noch solch hohe Auflösungen. Infolge von Temperaturänderung, Erschütterung, Materialermüdung reagieren Schraubenfedern in diesem Bereich nicht mehr linear, sondern unkontrolliert.

Genauigkeiten der gravimetrischen Messung von dg=0.1 µm•s^{-2}, das ist weniger als ein Hundertmillionstel der Erdbeschleunigung, stellen gegenwärtig eine meßtechnische Grenze dar. Diese Empfindlichkeit reicht immerhin aus, um die höhenbedingte Schwereänderung von einer Treppenstufe zur anderen auf einige Prozent genau zu messen.

Gravimeterfedern werden nicht aus Metall gefertigt. Man verwendet statt dessen weniger temperaturempfindliche Quarzfäden. Die mechanischen Teile sind in einem Vakuumthermostaten untergebracht; Stöße und Erschütterungen müssen tunlichst vermieden werden. Der Meßvorgang erstreckt sich über mehrere Minuten, da das schwingende System Masse/Feder trotz Dämpfung nur langsam zur Ruhe kommt. Der Umgang mit Gravimetern erfordert höchste Sorgfalt. Die Bedienung setzt umfangreiche Erfahrungen und großes Geschick voraus. Inzwischen werden auch Gravimeter mit automatischer Ablesung angeboten.

Gravimeter nach dem Schraubenfederprinzip sind statische Meßgeräte, denn eine Meßspindel bringt die von der Schwerkraft verlängerte oder verkürzte Feder wieder in ihre Ausgangslage, wobei der Drehwinkel der Spindel die Größe der einwirkenden Kraft anzeigt. Neben statischen Gravimetern sind seltener auch dynamische Gravimeter im Gebrauch. Sie nutzen – wie schon Galilei – den fallenden Körper zur Messung der Erdbeschleunigung. Hohe Präzision läßt sich dabei nur durch großen Aufwand bei der Messung von Fallhöhe und Fallzeit erreichen. Das geschieht mit Hilfe von Rubidium-Lasern. Der von den Laserstrahlen in der wenige Meter oder Dezimeter hohen evakuierten Fallröhre angepeilte fallende Körper ist praktischerweise ein kleiner Tripelspiegel.

Schließlich haben sich die Konstrukteure von Gravimetern in jüngster Zeit auch wieder auf die unter dem Einfluß der Schwerkraft schwingende Masse besonnen. Zwar konnte die Genauigkeit der Pendelmessungen nicht entscheidend verbessert werden, aber auch die Schwingzeit einer massebelasteten gespannten Saite ist von der Schwerkraft abhängig. Saitengravimeter, in denen die Schwingfrequenz elektronisch gemessen wird, sind weniger anfällig gegen bewegungsbedingte Störbeschleunigungen, so daß ihr Einsatz im Bohrloch, im Flugzeug, auf Schiffen und in der Raumfahrt Vorteile bietet. Die ersten Schweremessungen auf dem Mond gelangen den Astronauten von Apollo-17 mit einem Saitengravimeter. Die "Mondbeschleunigung" am Landeplatz betrug 1.627 $m \cdot s^{-2}$ - also etwa 1/6 der irdischen - bei einem möglichen Fehler von 50 $\mu m \cdot s^{-2}$.

Bei "normalen" gravimetrischen Messungen auf dem Land bevorzugt der Geophysiker ein etwa eimergroßes statisches Instrument, welches auf einem Stativ sehr genau manuell horizontal justiert werden muß. Auf See, wo zusätzlich die durch Wind und Wellengang ausgelösten störenden Schiffsbewegungen auszugleichen sind, versucht man mit Hilfe von computerkontrollierten kreiselstabilisierten Plattformen genügend Ruhe in das mechanische Meßsystem zu bringen. Seltener, weil zeitaufwendiger zu handhaben, sind ferngesteuerte Tauchgravimeter, die auf dem Meeresgrund abgesetzt werden. Das Problem der Fernregistrierung besteht auch bei Schweremessungen im Bohrloch. Dort gilt es, eine Reihe weiterer meßtechnischer Extrembedingungen zu überwinden. Der Durchmesser der Geräte darf in Anpassung an das Bohrloch in der Regel 10 cm nicht überschreiten, das Gehäuse muß oft einem Druck von 80 MPa und mehr standhalten, und die Bauteile des Instruments sollen auch bei Temperaturen über 100° C noch zuverlässig arbeiten. Die Gravimetrie aus der Luft steht vor ähnlichen Problemen wie die auf See. Auch hier sind Saitengravimeter die bevorzugten Meßinstrumente. Gegenwärtig laufen erste Versuche, um Schweremessungen auf dem Land von fahrenden Kraftfahrzeugen aus vornehmen zu können.

Weil die in der angewandten Geophysik verwendeten Gravimeter Relativinstrumente sind, müssen sie geeicht werden. Welchem Strichabstand auf der Geräteskale entspricht welche Schweredifferenz? Dieses Problem ähnelt der Frage nach der Eichung eines Thermometers, bei dem man ja auch wissen will, wieviel Millimeter des Quecksilberfadens der Temperaturdifferenz von 1 K entsprechen. Während sich ein Thermometer relativ leicht eichen läßt, indem der Stand der Quecksilbersäule bei Eiswasser und bei siedendem Wasser beobachtet wird, ist eine Gravimetereichung weitaus schwieriger.So große Schwereänderungen, die den gesamten Meßbereich eines Gravimeters überstreichen, lassen sich nicht einfach im Labor simulieren. Da muß man schon längere Bergaufstrecken suchen (z.B. aus dem Harzvorland auf den Brocken), um die Abnahme der Schwere mit steigender Höhe zu nutzen, oder genügend lange Nord-Süd-Profile befahren, um die Änderung der Schwere in Abhängigkeit von der geographischen Breite als Maßstab zu nehmen (z.B. von der Nordsee zu den Alpen).

Leider hat noch niemand ein Geländegravimeter mit vollkommen unveränderlicher Skale bauen können. Alle Gravimeter weisen mehr oder weniger starke zeitliche Änderungen ihrer Skalenwerte auf. Denn die Herzen dieser Instrumente sind mechanische Systeme, die eben nicht nur Änderungen der Schwerkraft anzeigen, sondern auch empfindlich auf äußere Störeinflüsse, wie Temperaturschwankungen, reagieren und ebensowenig von innerer Materialermüdung frei sind. Das Problem ist mit dem unregelmäßigen Lauf einer mechanischen Uhr vergleichbar, die schneller und wieder langsamer tickt. Der Geophysiker überwacht diese veränderlichen Antworten seiner Skale, den "Gravimetergang", indem er an einem Meßtag mehrmals einen Basispunkt anfährt (Schleifenmethode). Aus den wechselnden Meßwerten am Basispunkt wird dann eine Gangkurve konstruiert, mit der die Schwerewerte an den Meßpunkten zu korrigieren sind.

Auch mit der Berücksichtigung des Skalenwertes und der Gangkorrektur allein sind aus den Meßwerten noch nicht die relativen Schwerewerte für die Schwerekarte entstanden. Um die gesuchten Schwereanomalien darstellen zu können, müssen erst alle Meßwerte untereinander vergleichbar gemacht werden. Es sind an jedem Meßwert mehrere Korrekturen anzubringen, man spricht von *Reduktionen:*

Schwereanomalie = Meßwerte minus Reduktionen.

Da ist zunächst die Berücksichtigung der *Normalschwere*, der erwähnten Breitenabhängigkeit infolge der Abweichung der Erdfigur von ihrer Kugelgestalt. Tabellen geben über deren Zahlenwerte Auskunft. Bei 50° Nord, also etwa auf der Breite von Frankfurt/Main und Prag, beträgt die horizontale Änderung der Erdschwere in Nord-Süd-Richtung 8 $\mu m \cdot s^{-2}$ je km. Das sind auf 10 m weniger als 0.1 $\mu m \cdot s^{-2}$. Bedenkt man, daß die Genauigkeit der Feldgravimeter etwa in diesem Bereich liegt, so folgt daraus, daß die Lagegenauigkeit der geodätischen Vermessung jedes Gravimeterpunktes besser als 10 m sein muß.

Abb. 8 Nivellement (vorn) und Schweremessung im Gelände [23]

Nach der Korrektur auf Normalschwere folgt die *Freiluftreduktion*. Sie berücksichtigt den Einfluß der Geländehöhe. Ihr exakter Wert wurde erstmals von dem deutschen Geodäten Friedrich Robert Helmert (1843–1917) zu 3.086 $\mu m \cdot s^{-2}$ je Meter bestimmt. Die Gravimetergenauigkeit von etwa 0.1 $\mu m \cdot s^{-2}$ bedenkend, erwächst daraus die unbedingte Forderung, die Höhenlage jedes Punktes auf mindestens 3 cm genau zu bestimmen. Das erreicht man nur durch sorgfältige geodätische Vermessungen, die den Arbeitsaufwand im Felde gegenüber den Gravimetermessungen beträchtlich erhöhen. Insgesamt wird von einem Gravimetertrupp "mehr Gelände als Schwere gemessen" (Abb 8).

Aus den Veränderungen der Geländehöhen im Meßgebiet, seien es Berge, Täler, Steilküsten oder auch Gebäude, ermittelt der Geophysiker die *Geländekorrektur*: die störende, weil verfälschende Schwerewirkung aller sichtbaren Masseüberschüsse oder -defizite. Die Schwereanomalie soll ja nur die verdeckten, unsichtbaren Massenverteilungen widerspiegeln. Geländekorrekturen errechnet man über die gedachte Zerlegung der Störmassen in

Elementarkörper und deren Berücksichtigung nach dem abstandsabhängigen Massenwirkungsgesetz (Gravitationsgesetz).

Da bei jeder gravimetrischen Untersuchung immer die Erkundung eines bestimmten Tiefenstockwerkes gefragt ist, muß auch die Wirkung der darüberliegenden Gesteinsplatte in Abzug gebracht werden. Diese *Bouguer-Reduktion* auf ein Bezugsniveau, meist wird die Meereshöhe gewählt, erfordert, genau wie die Geländekorrektur, die Kenntnis der Dichteverteilung in den "Korrekturmassen". Deren Messung ist direkt nicht in vollem Umfang möglich. Abschätzungen bringen zwangsläufig Ungenauigkeiten ins Anomalienbild.

Leicht und schwer nebeneinander

Bevor gravimetrische Messungen beginnen, sollte Klarheit über den rationellen Meßpunktabstand geschaffen werden. Zu große Abstände bringen keine ausreichende Auflösung und somit nicht genügend Schärfe ins Schwerebild. Zu geringe Punktabstände sind aber aus Kostengründen zu vermeiden. Regionale, landesweite Messungen zur Erforschung des Strukturbaus der Erdkruste kommen mit 2-5 km Punktabstand aus. In der Erdölerkundung, wo die Lage von Salzstöcken, Antiklinalen und Bruchstörungen gefragt ist, werden Distanzen von 200-500 m bevorzugt. Die oft komplizierten Lagerungsstörungen im Braunkohlenbergbau werden meist erst bei Abständen unter 50 m ausreichend sicher erkannt. Hochauflösende Kartierungen im Ingenieurwesen erfordern Meßraster mit Punktabständen unter 10 m.

Bei Schweremessungen interessiert nicht an jedem Punkt der Absolutwert, die Gesamtschwere. Es genügt die Kenntnis der Relativwerte, also der Unterschiede in der Schwereverteilung. So wie meist beim Betrachten einer Landkarte, wo nur die relativen Höhen, die Unterschiede im Relief, ob flaches oder steiles Gelände, wichtig sind und nicht die absoluten Höhen über dem Meeresspiegel. Natürlich besteht zusätzlich die Möglichkeit, ein lokales Schwerefeld an eine regionale oder globale Schwerekarte anzuschließen, "einzuhängen", wie der Fachmann sagt, z.B. an das Internationale Schwerestandardnetz. Die größten globalen Schwereanomalien liegen mit +3400 $\mu m \cdot s^{-2}$ südlich der japanischen Inseln im Stillen Ozean und mit -4800 $\mu m \cdot s^{-2}$ im Fergana-Becken (Mittelasien). Für das genannte Minimum ist die Absenkung leichteren Gesteins infolge der Auffaltung des Tienschan-Gebirges die Ursache, zum Maximum tragen die plattentektonischen Massentransporte an der Grenze der asiatischen und pazifischen Platte bei.

Die regionalen Extrema in Europa zeigen sich im Alpenminimum mit −1700 $\mu m \cdot s^{-2}$ (Faltengebirgswurzel) und im Magdeburger Schwerehoch mit +600 $\mu m \cdot s^{-2}$ (unbekannter Tiefenkörper in wahrscheinlich mehr als 10 km Tiefe). Großräumige landesweite Schwereanomalien deuten auf Dichteunterschiede im uneinheitlichen Bau der etwa 30 km dicken Erdkruste hin und geben insbesondere Hinweise auf die Tiefe des kristallinen Festgesteins unter weiträumigen Sedimentbecken (Niedersachsen, Mecklenburg) oder auf Bruchschollenbau und tektonische Störungen (Thüringen, Baden-Württemberg).

Lokale Anomalien können vor allem bei der Suche von Lagerstätten und bei der Lösung technischer Probleme im Ingenieur- und Bergbau wertvolle Hinweise geben. Genannt seien zunächst die Salinarstrukturen. Das sind Aufwölbungen von *Salzgestein* der etwa 230 Millionen Jahre zurückliegenden Erdepoche Zechstein. Das Salz ist dank seiner relativ geringen Dichte während einer Jahrmillionen dauernden Bewegung aus mehreren Kilometern Tiefe nach oben gewandert (Salzbewegung, Halokinese). Während seines Aufstiegs zu Salzstöcken und Salzkuppeln wurden poröse Gesteine mit nach oben geschleppt. Diese sind potentielle Speicher von Erdöl und Erdgas und damit auch gravimetrisch gesuchte Objekte. So zeigen zum Beispiel das gravimetrische Kartenbild und das geologische Profil des Salzstocks Werle 40 km südöstlich von Schwerin an der Erdoberfläche ein durch aufgestiegenes Zechsteinsalz verursachtes deutlich konturiertes Schwereminimum (Abb. 9).

Die Zahl der von der Gravimetrie gefundenen und in ihrer Struktur ausgemessenen Salzstrukturen geht weltweit in die Tausende. Durch spektakuläre Ölfunde wurden bekannt: Maros (Ungarn), Schikomsk (Ural), Apscheron und Grosny (Kaspisee), Ramsey (Oklahoma), Pierce (Texas).

Lagerstätten von *Erzen*, die im gravimetrischen Bild ihre Spuren hinterlassen, sind seltener. Zwar pausen sich die weiträumigen Eisenerzgiganten von Kursk (Rußland) und Kriwoi Rog (Ukraine) mit plus 300 $\mu m \cdot s^{-2}$ an die Oberfläche durch, aber im allgemeinen gelingt das Aufspüren von Erzlagerstätten nur indirekt, da sie meist wenig Platz einnehmen (Gänge, Spaltenfüllungen, Linsen). Beispiele sind aus Schweden (z.B. Skellefte/Eisenerz), Kuba

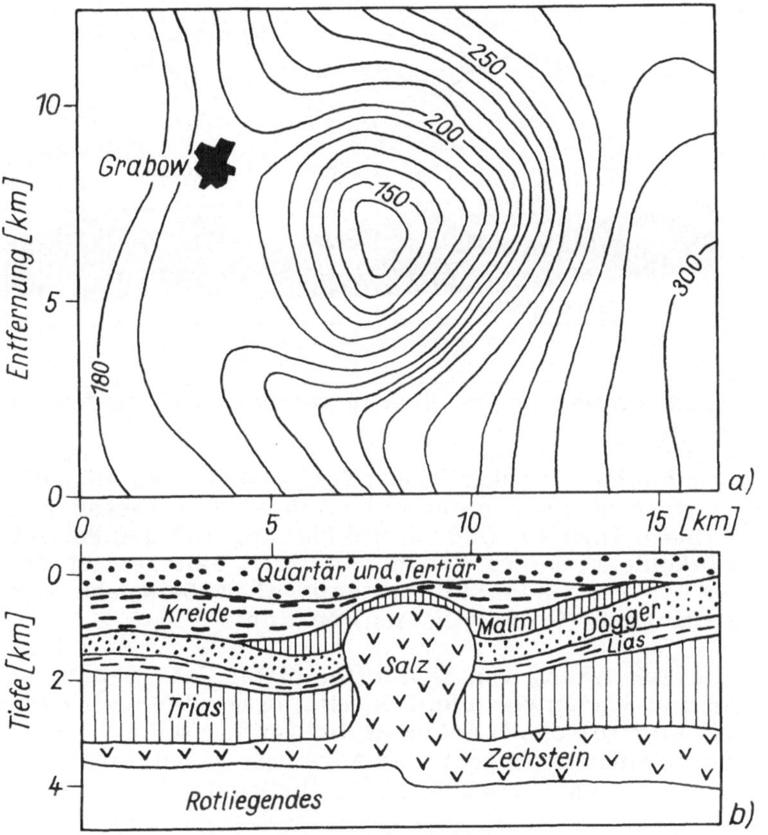

Abb. 9 a) Schwerekarte (in $\mu m \cdot s^{-2}$) des Salzstocks Werle (Mecklenburg), b) Geologisches Vertikalprofil [4]

(Camaguey/Chromit), Mongolei (Salchit/Magnetit) bekannt geworden.

Braunkohlenvorkommen bieten in der Regel günstige Chancen zur erfolgreichen gravimetrischen Erkundung. Auch hier ist es wie beim Salz die relativ geringe Dichte, die das Flöz oder dessen Deformation im Meßbild widerspiegelt. So bilden sich Hochlagen oder eine Mächtigkeitszunahme des Flözes durch lokale Minima in der Schwerekarte ab. In ähnlicher Weise lassen sich Brüche und Stufen im Flöz, Aufpressungen durch eiszeitbedingte Stauchun-

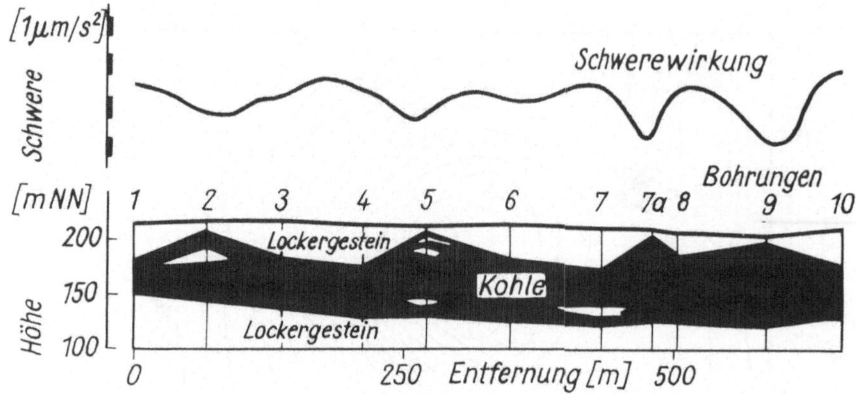

Abb. 10 Schweremessungen über einem Braunkohlenflöz in Südost-Sachsen [5]

gen, Auswaschungen und damit Flözmächtigkeiten und Flözverbreitungen gravimetrisch recht gut flächenhaft erfassen und darstellen. Diese Angaben sind für die Planung und den Betrieb eines Braunkohletagebaues von hohem Wert. Seltener ist der Einsatz der Gravimetrie im Steinkohlenbergbau; Beispiele wurden aus Birmingham (Großbritannien) bekannt.

Auch bei der Erkundung von *Baustoffen* bieten Gravimetermessungen hin und wieder Vorteile. Das trifft immer dann zu, wenn es gilt, das unterirdische Relief eines dichten kristallinen Festgesteins unter einer Decke lockeren Abraumes (Sand, Kies, Ton) zu kartieren, was im Vorfeld von Steinbrüchen nicht selten gefragt ist.
Im Ingenieur- und Bergbau wird die Gravimetrie häufig bei der Suche nach verdeckten *Hohlräumen* genutzt (Abb. 11). In vielen Fällen sinkt die Größe der Anomalie aber unter die Nachweisgrenze der Geräte, und der Geophysiker muß leider aufgeben. Im allgemeinen gelingt die Suche von Hohlräumen (Keller, Strecken, Tunnel, Schlotten, Kavernen, Schächte), wenn ihre Ausdehnung nicht viel geringer ist als die Mächtigkeit der Bedeckung.

Untertagemessungen mit Gravimetern sollen den Kumpeln bei der Erhöhung der *Grubensicherheit* helfen. Gefährliche Einschlüsse von Kohlendioxid oder Salzlauge im Bereich von Kali- oder Kupferschieferschächten können als gravimetrische Minima unter günstigen Umständen vor dem Abbau geortet werden. Ähnliches gilt für die Prognose von Gebirgsschlagherden, da diese manch-

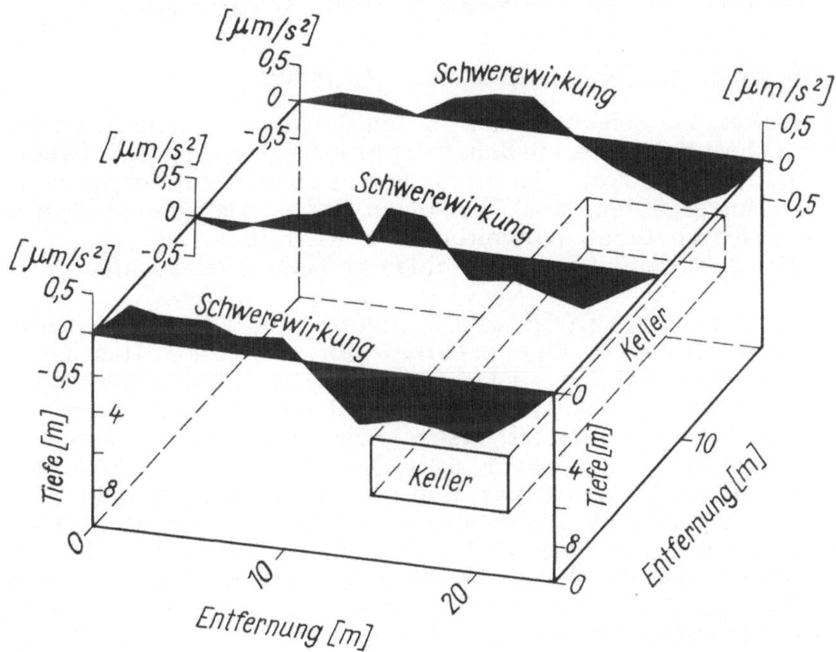

Abb. 11 Mikrogravimetrie im Bereich der Burgruine Tharandt in Sachsen [6]

mal in gravimetrisch wirksamen Lockerzonen sitzen. Solche Aufgaben erfordern eine hochauflösende Präzisionsgravimetrie im Mikrobereich.

Erfassung von Auflockerungs- und Verdichtungszonen, ganz allgemein die Kontrolle von *Schüttdichten*, ist auch das Ziel der gravimetrischen Überwachung von Staumauern, Dämmen, Kippen, Halden und jeglicher Art von Baugrund.

Tanz der Kompaßnadeln – die Geomagnetik

Columbus entdeckte nicht nur Amerika

Lange vor der Zeitwende soll in den Bergen Kleinasiens, in der Landschaft Magnesia, ein Schafhirt namens Magnes gelebt haben. Er konnte den Bewohnern seines Dorfes allerlei wundersame Geschichten erzählen, von Felsen, an denen die eiserne Spitze seines Hirtenstabes hängenblieb, von Steinen, mit denen er eiserne Schuhnägel aus den Sohlen zu ziehen vermochte.

Mag auch manches an diesen Überlieferungen übertrieben sein, Steine mit ähnlichen Eigenschaften gibt es wirklich. Man nennt sie Magneteisensteine, und ihre sonderbare Eigenschaft heißt Magnetismus. Sie enthalten das Mineral Magnetit, ein Eisenoxid, das die Fähigkeit besitzt, Eisen anzuziehen oder abzustoßen, aber auch Eisen magnetisch zu machen. Der geheimnisvolle Magnetismus bleibt unsichtbar, und man kann ihn auch nicht fühlen. Hat der Mensch überhaupt einen magnetischen Sinn? Reagiert er auf Magnetismus? Schon der griechische Arzt Hippokrates (460–370 v.u.Z.) versuchte vergeblich, mit Magnetsteinen Kranke zu heilen, und die medizinische Wirkung des Magnetismus bleibt bis heute sehr umstritten.

Aber Magnetismus ist nützlich. Der Kompaß war über Jahrtausende das bemerkenswerteste technische Instrument der Menschheit. Schon vor über 4000 Jahren sollen ihn die Chinesen verwendet haben. Marco Polo (1254–1324) brachte die Kunde davon nach Europa. Der magnetische Kompaß, den die Seefahrer des Mittelalters benutzten, bestand aus einem senkrecht nach oben stehenden spitzen Stift, einer kleinen runden Papierscheibe darauf und einem aufgelegten kurzen Drähtchen, das man vorher durch Bestreichen mit einem Magnetstein magnetisch gemacht hatte. Man glaubte, daß dieses Drähtchen auf der drehbaren Papierscheibe immer genau nach Norden zeigt. Riesenhafte Magnetberge am Nordpol der Erde oder gar der am nördlichen Himmel stehende Polarstern sollten die Ursache dieser unsichtbaren Kraft sein.

Christopher Columbus (1451–1506) vermerkte in seinem Schiffstagebuch unter dem 13. September 1492, als er sich 50 Seemeilen westlich der Azoreninsel Corvo befand, daß sein Kompaß offenbar viel zu weit nach Nordwesten zeigte. Diese Abweichung, auch

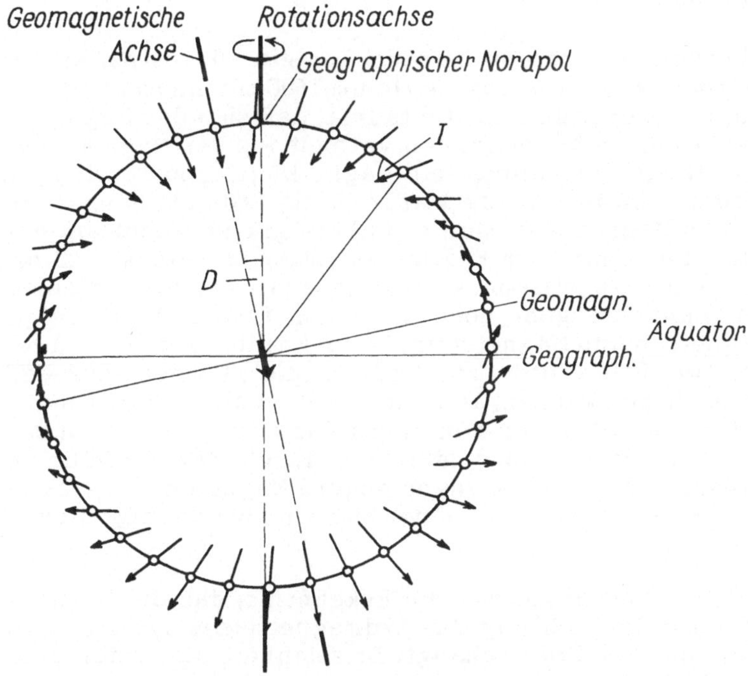

Abb. 12 Deklination (D) und Inklination (I) des geomagnetischen Feldvektors (↗)[7]

Mißweisung oder Deklination genannt, beruht auf der heute bekannten Tatsache, daß geographischer und magnetischer Pol der Erde nicht zusammenfallen. So wurde Columbus auch zum Entdecker der magnetischen Deklination.

Um 1544 bewies der Nürnberger Pfarrer Georg Hartmann (1489-1564), daß eine frei gelagerte Kompaßnadel keineswegs waagerecht nach Norden eingeregelt wird, sondern mit mehreren Grad Neigung zur Horizontalen abkippt. Dies nennt man Inklination (Abb. 12). Allerdings waren die von Hartmann angegebenen 10 Grad Neigung zu gering, da ihm noch nicht der Gedanke an eine waagerechte Lagerachse seines Kompasses gekommen war. Dies verwirklichte 1581 der englische Seefahrer und Instrumentenbauer Robert Norman, der auch erkannte, daß Magnetisierung und Neigung der Kompaßnadel nicht von deren Gewicht abhingen, Magnetkraft und Schwerkraft also unterschiedlichen Gesetzen gehorchen.

Der englische Physiker und Leibarzt Königin Elisabeths, William Gilbert (1544–1603), experimentierte um 1600 mit einem kugelförmigen Magneteisenstein und stellte fest, daß sich der Magnetismus rings um diese Kugel ähnlich verhielt wie der Magnetismus auf der Erdkugel. Er nannte sein Magnetkügelchen Terella, die kleine Erde, denn ihm wurde klar, daß die Erde als Ganzes ein gigantischer Magnet sein mußte. Gilbert gilt zu Recht als der Begründer der Lehre vom Erdmagnetismus. Er bewies, daß die geheimnisvolle magnetische Anziehungskraft weder von einem einzelnen Punkt ausgeht noch auf einen festen Punkt zeigt. Jeder Magnet, ob nun Magnetstein, Kompaßnadel oder der Magnet Erde, hat zwei Pole (Nord- und Südpol), die räumlich sehr weit auseinander liegen können, aber sich nicht voneinander trennen lassen. Man spricht daher von einem Doppelpol oder Dipol.Das Feld zwischen diesen Polen läßt sich durch Magnetfeldlinien beschreiben, in deren Richtungen andere Magneten eingeregelt werden. Ungleichnamige Pole ziehen sich an, gleichnamige stoßen sich ab.

Edmond Halley verdanken wir die Erkenntnis, daß die Deklination und damit die Richtung des Erdmagnetfeldes systematisch vom Meßort auf der Erde abhängt. Er zeichnete die ersten groben magnetischen Karten der Weltozeane. 1722 entdeckte der Engländer George Graham Veränderungen der Deklination im Laufe von Jahren, Monaten und sogar Stunden. Das bedeutet, sie ist also nicht nur orts-, sondern auch zeitabhängig. Der französische Physiker Dominique Arago (1786–1853) erkannte 1827, daß sich auch die Stärke des Magnetfeldes mit der Zeit ändert und daß Magnetstürme von außen auf die Erde eindringen. Der deutsche Mathematiker Carl Friedrich Gauß (1777–1855) schuf um 1835 eine brillante mathematische Beschreibung des Erdmagnetfeldes, entwickelte Instrumente zur Ausmessung dieses Kraftfeldes und förderte maßgeblich den Bau ständig arbeitender geomagnetischer Observatorien.

Die Anwendung magnetischer Messungen zu geologischen Zwekken, zur Suche und Erkundung von Lagerstätten, sollte in wirtschaftlichem Umfang aber erst Jahrzehnte nach Gauß möglich werden. Zwar hatte schon um 1660 der schwedische Bergrat Daniel Tilas (gest. 1672) festgestellt, daß der ursprünglich als Orientierungshilfe unter Tage verwendete Grubenkompaß in manchen Bergwerken keineswegs nach Norden wies, sondern eher als Anzeiger von magnetischen Eisenerzen zu verwenden war. Doch die Instrumente blieben noch unvollständig; sie zeigten nicht die Stärke des Magnetfeldes sondern nur dessen Richtung an und wiesen den Bergmann oft genug in die Irre.

Alexander von Humboldt (1769-1859) entdeckte 1796 bei seiner "geognostischen Tour" durch die Oberpfalz starke magnetische Störungen in der Nähe von Serpentinitfelsen. Das brachte ihn auf die Idee, während der in vieler Hinsicht berühmt gewordenen Lateinamerikareise 1798-1803 Inklinationsmessungen zur Untersuchung geologischer Strukturen zu erproben. Bahnbrechende Erfolge waren ihm damit aber nicht beschieden. Um 1870 gelang den Schweden Thalen und Tiberg mit einem neuartigen Magnetometer im Erzrevier Kiruna von übertage der Nachweis verborgener magnetischer Eisenerze (Abb. 13). T.B.Brooks fand 1874 in Amerika mittels magnetischer Messungen bedeutende Eisenerzlager und durch den Nachweis magnetisch wirksamer Begleitsteine des Goldes erstmals auf indirektem Wege auch Vorkommen des begehrten Edelmetalls (Distrikt Butte, Montana).

In Deutschland gehörte M. Eschenhagen um 1898 zu den Pionieren der geomagnetischen Lagerstättensuche (Eisenerze des Harzes). Von ihm stammt auch die Bezeichnung der Maßeinheit für die magnetische Feldstärke, das Gamma. Seit einigen Jahren verwendet man stattdessen das Tesla (1 Nanotesla = 1 Gamma). Um 1900 wurde auch in Rußland über den Riesenlagerstätten Kriwoj Rog und später Kursk von P.T.Passalskij erstmals magnetisch gemessen, damit man die Ausmaße dieser Giganten wenigstens abschätzen konnte, was durch Bohrungen mit vertretbarem Aufwand schier unmöglich war.

Der entscheidende Durchbruch beim weltweiten Einsatz der Geomagnetik gelang nach 1910 durch den Bau neuartiger, sehr genau arbeitender Geräte, der Schneidenwaagen. Im Jahre 1907 hatte Adolf Schmidt (1860-1944) bei der Firma O. Töpfer, Potsdam, ein erstes Versuchsinstrument in Auftrag gegeben. Bei diesem Magnetometer lagert ein freikippbarer Magnet mit Quarzschneiden auf ebensolchen Lagern. Aus der unterschiedlichen Kippung des Magneten an verschiedenen Meßpunkten kann man auf relative Unterschiede der Stärke des Erdmagnetfeldes schließen. Zwar hatte schon 1840 Harold Lloyd im Observatorium Dublin erstmals eine Schneidenwaage verwendet, aber seine Schneiden und Lager waren aus Achat gefertigt - dem damals

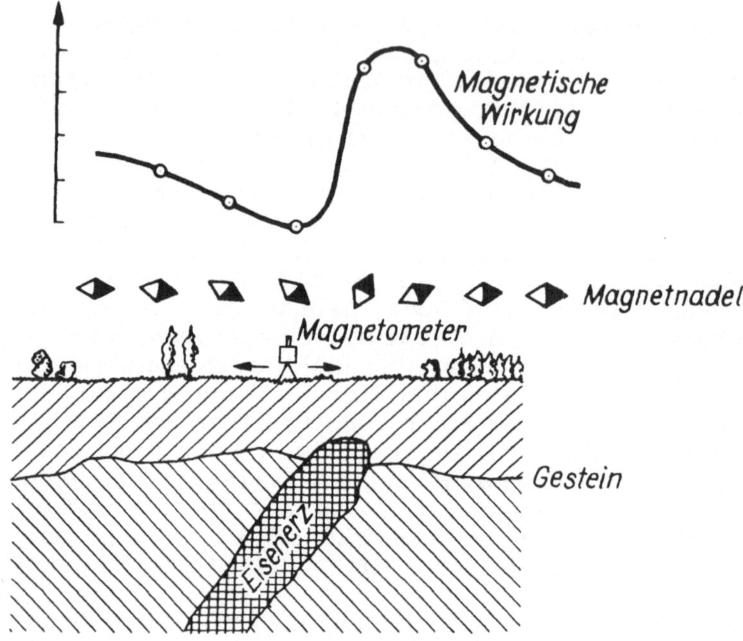

Abb. 13 Prinzip der Geomagnetik

härtesten Werkstoff - und erlaubten durch ihre Anfälligkeit gegen wechselnde Luftfeuchtigkeit keine ausreichend genauen Messungen. Ähnlich wie bei der Feder des Gravimeters wird auch hier deutlich, daß häufig erst die Wahl geeigneten Materials einer bereits länger erkannten Baukonzeption zum Erfolg verhilft.

Entscheidende Verbesserungen hinsichtlich Genauigkeit und Meßgeschwindigkeit der Schmidtschen Schneidenwaage gelangen 1948 Gerhard Fanselau (1904 -1982) vom Geomagnetischen Institut Potsdam-Niemegk. Er entwickelte eine Magnetwaage, in welcher der Magnet nicht auf Schneiden lagert, sondern von einem an beiden Enden eingespannten verdrillbaren Faden oder Band gehalten wird.

Magnetwaagen mit ihrem beweglichen Magneten im Gehäuse sind natürlich störanfällig gegen Bewegungen und Beschleunigungen während des Meßprozesses, bei dem sich der Magnet frei in eine stabile Lage einpendeln soll. 1940 baute der deutsche Ingenieur Förster eine magnetische Meßsonde, die nach dem elektromagnetischen Induktionsprinzip arbeitet und ohne beweglichen Magneten als Anzeiger auskommt. Die Förster-Sonde reagiert auf die räumliche Änderung (den Gradienten) des Magnetfeldes.

1958 kamen die ersten Magnetometer in Gebrauch, die schnell, präzise sowie unabhängig von Temperatur und Bewegungen die Gesamtintensität des Magnetfeldes ermitteln (Protonenmagnetometer). Sie nutzen die Tatsache, daß das Schwingungsverhalten der Atomkerne von der Stärke des umgebenden Magnetfeldes beeinflußt wird.

Was ist Erdmagnetismus?

Erinnern wir uns zunächst des Schulversuchs mit dem Stabmagneten und den Eisenfeilspänen, die sich in der Nähe des Magneten entlang unsichtbarer Kraftlinien so eigentümlich anordnen. Genau dies versucht auch der Magnetgigant Erde mit jedem Stück Eisen. Nur reicht seine Stärke an der Erdoberfläche in der Regel nicht aus, um dies auch als Bewegung so sichtbar zu machen wie bei der Kompaßnadel, die ja selbst ein Magnet ist. Wohin zeigt ein in seinem Schwerpunkt aufgehängter, frei beweglicher Magnet? Die Antwort hängt von der Position auf der Erde ab und lautet für Mitteleuropa: 2 Grad westlich von geographisch Nord (Deklination) und 68 Grad nach unten (Inklination). Das Magnetfeld hat also einen bestimmten Betrag und eine bestimmte Richtung; man spricht von einem Vektorfeld. Ein Vektor kann zur anschaulichen Darstellung auch in Gestalt seiner Komponenten im rechtwinkligen räumlichen Koordinatensystem dargestellt werden.

Die Quellen des Erdmagnetismus liegen zu 99% im Erdinnern. Mehrere 1000 K heiße Plasmaströme wälzen sich seit Urzeiten in riesigen Wirbeln mit Geschwindigkeiten von wenigen Millimetern je Sekunde durch den über 3000 km tiefen Erdkern. Sie wirken wie ein selbsterregender Dynamo und erzeugen ein magnetisches Erdinnenfeld (Hauptfeld), das an der Erdoberfläche zwischen Äquator und Pol von 25000 bis 75000 nT schwankt. An einem festen Ort ändert sich das Hauptfeld nur sehr langsam, lediglich um wenige Nanotesla im Jahr, und nur bei langfristigen Messungen muß dies berücksichtigt werden. Dem Hauptfeld überlagert ist ein zeit-und ortsabhängiges Erdaußenfeld (Variationsfeld). Ursache sind Sonnenaktivitäten, wie riesige Gasausbrüche in der Sonnenkorona (Protuberanzen), die als Strom elektrisch geladener Teilchen in der Hochatmosphäre Dutzende Kilometer über der

Erdoberfläche magnetische Stürme auslösen. Unter günstigen Bedingungen beginnen diese Teilchenströme durch Wechselwirkung mit dem Magnetfeld der Erde in den Polarregionen zu leuchten und werden als Nordlichter sichtbar. Auf der ganzen Erde rufen sie magnetische Störungen hervor, die in Spitzenwerten ein Mehrfaches des Hauptfeldes erreichen können und zuweilen den Funkverkehr auf der Erde lahmlegen.

Für den Blick in die Erde ist das Anomalienfeld wichtig, das sich dem Innen- und Außenfeld überlagert. Es bleibt viel kleiner als das Hauptfeld und im Gegensatz zum Variationsfeld zeitlich nahezu konstant. Der Ursprung des Anomalienfeldes liegt in der oberen Erdkruste: es sind die Eigenfelder der geologischen Körper, die Gesteine, die im Erdmagnetfeld während ihrer Entstehung oder während ihrer Ablagerung selbst zum Magneten gemacht wurden, "aufmagnetisiert" worden sind.

Ein kleiner Versuch verdeutlicht dieses Phänomen. Man nehme zwei Stricknadeln und überzeuge sich, daß diese keine merklichen magnetischen Wirkungen aufeinander ausüben. Nun wird eine der Nadeln in die Nähe eines starken Magneten gebracht oder sogar damit bestrichen. Anschließend kann man beobachten, daß die so magnetisierte Nadel gegenüber der noch unmagnetischen selbst wie ein Magnet wirkt und diese je nach Pollage sowohl anziehen als auch abstoßen kann.

Die Fähigkeit eines Materials/Körpers, Magnetismus anzunehmen, ist eine Natureigenschaft und heißt magnetische Suszeptibilität (lat. susceptio: Übernahme, Empfang). Sie wird mit dem griechischen Buchstaben κ (Kappa) bezeichnet, ist dimensionslos und stellt den Zusammenhang zwischen Magnetisierung M und Feldstärke H her:

$$M = \kappa \cdot H \; [A \cdot m^{-1}].$$

Dank der unterschiedlichen Suszeptibilitäten der Gesteine und Minerale bleiben diese der geomagnetischen Erkundung nicht verborgen. Dennoch könnte man die in der Erdkruste lagernden magnetisch wirksamen geologischen Körper nicht entdecken, wenn ihr Magnetfeld von überlagernden Schichten völlig abgeschirmt würde. Bringt man aber einen Körper in ein Magnetfeld, dann entsteht in ihm selbst ein magnetisches Feld, und die magnetischen Feldlinien gehen durch ihn hindurch. Es erfolgt keine vollständige Abschirmung. Diese Durchlässigkeit heißt magnetische Permeabilität (lat. permeabilis: passierbar, gang-

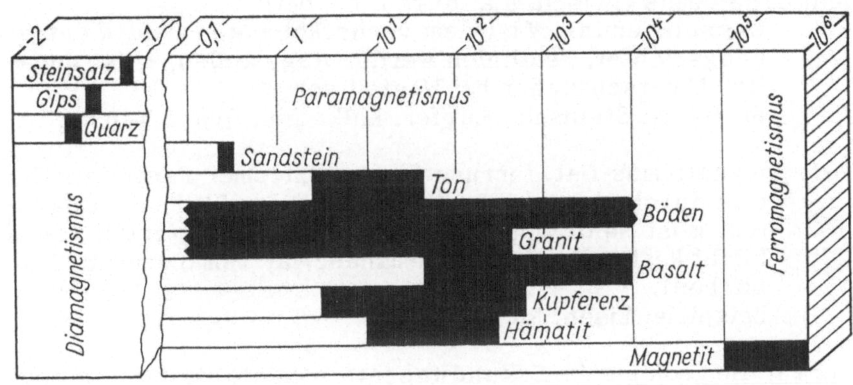

Abb. 14 Magnetische Suszeptibilitäten (in 10^{-2} *SI-Einheiten)*

bar). Sie wird mit dem griechischen Buchstaben μ (My) bezeichnet und stellt den Zusammenhang zwischen Induktion B und Feldstärke H her:

$$B = \mu \cdot H \; [\mathrm{Vs} \cdot \mathrm{m}^{-2}].$$

1 $\mathrm{Vs} \cdot \mathrm{m}^{-2}$ entspricht 1 Nanotesla (nT) oder der früher gebräuchlichen Einheit 1 γ. Für Luft gilt $\mu_{Luft} = 1$; der Magnetismus wird nicht abgeschwächt.

Bringt man ein Gestein in ein Magnetfeld H, werden die bisher ungeordneten winzigen magnetischen Körper, man spricht von Elementarmagneten, längs der äußeren Feldlinien ausgerichtet. In ihrer gemeinsamen Summenwirkung vereinigen sie sich zum Gesteinsmagnetismus. Je nach Art der Magnetisierung existiert Para-, Dia- und Ferromagnetismus (Abb. 15).

Paramagnetismus (griech. para: herbei, gleich):

Magnetisierung M ist dem verursachenden Feld H gleichgerichtet, die Feldlinien werden hineingezogen, κ ist positiv, M verschwindet bei Wegfall von H.

Beispiele: Aluminium, Platin, Mangan, Sandstein, Granit.

Diamagnetismus (griech. dia: durch, herbei):
Magnetisierung M ist dem verursachenden Feld H entgegengerichtet, Feldlinien werden abgestoßen, κ ist negativ, M verschwindet bei Wegfall von H.
Beispiele: Steinsalz, Kupfer, Kalkstein, Quarz, Gips.

Ferromagnetismus (lat. ferrum: Eisen): extremer Paramagnetismus durch strenge Parallelstellung der Elementarmagneten, κ ist sehr viel größer als Null, nach Wegfall von H bleibt Restmagnetismus (Remanenz, lat. remanere: zurückbleiben).
Beispiele: Eisen, Nickel, Kobalt.

Der für die geologische Erkundung interessante Gesteinsmagnetismus wird ganz wesentlich von ferromagnetischen Stoffen, den Ferromagnetika, geprägt. Kleinste Beimengungen genügen, um einen meßbaren Magnetismus zu erzeugen. Nicht viele der in der Natur vorkommenden 170 Eisenverbindungen sind ferromagnetisch. Diese Eigenschaft besitzen im wesentlichen nur Magnetit Fe_3O_4, Magnetkies FeS und Maghemit Fe_2O_3. Letzterer ist durch seine günstigen Magnetisierungs- und Remanenzeigenschaften das bevorzugte Speichermedium auf Ton- und Videobändern.

Ferromagnetismus verschwindet oberhalb von Temperaturen zwischen 400 und 800° C (Curie-Temperatur). Magnetisches Eisen wird beim Erhitzen unmagnetisch, beim Abkühlen stellt sich der Magnetismus spontan wieder ein. Glühend heiße Lava ist deshalb nicht ferromagnetisch; beim Erstarren werden die Elementarmagneten in die Richtung des Erdmagnetfeldes eingeregelt, und es verbleibt ein Eigenmagnetismus. Ergußgesteine mit ferromagnetischen Bestandteilen bewahren durch ihre remanente Magnetisierung das Magnetfeld zum Zeitpunkt ihrer Erstarrung gleichsam als eingefrorenen Magnetismus.

Die Sedimentgesteine sind in der Regel weniger magnetisch wirksam als die Magmagesteine. Bei diesen wiederum steigt die Suszeptibilität von sauer (viel Quarz, SiO_2) zu basisch (wenig Quarz) und von hell zu dunkel. Ebenso haben die in der Erdkruste erstarrten Tiefengesteine (Intrusiva) eine höhere magnetische Wirksamkeit als die an der Oberfläche erstarrten Ergußgesteine (Effusiva). Manchmal sind Böden magnetisch hochwirksam, da sich in ihnen (stellenweise) der sehr verwitterungsbeständige Magnetit ansammeln kann.

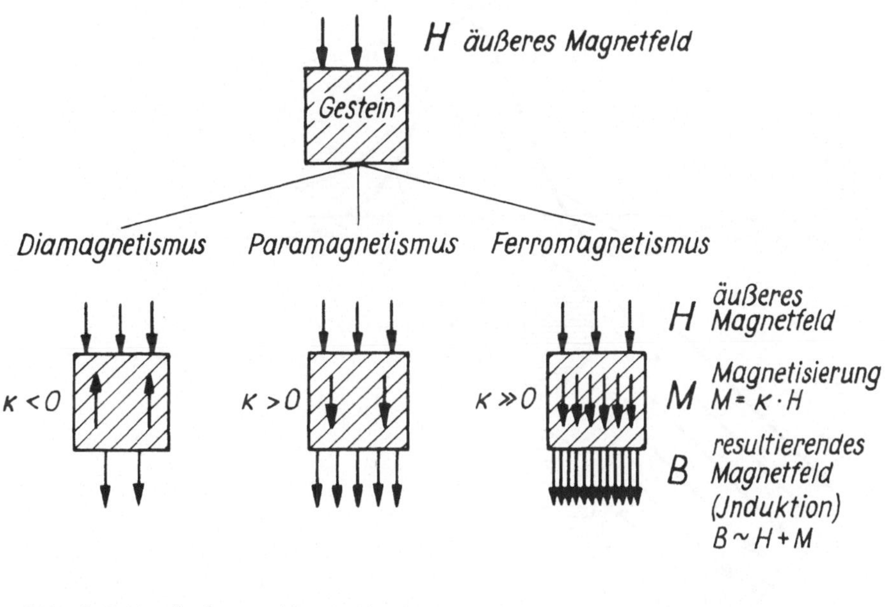

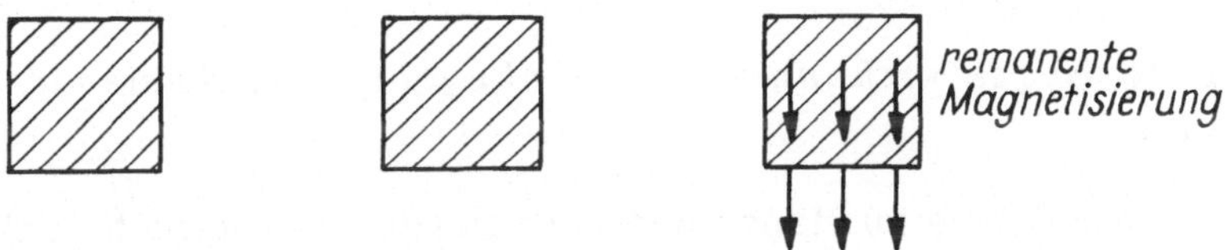

Abb. 15 Magnetfeld H, Suszeptibilität κ, Magnetisierung M und Induktion B

Bei der geologischen Interpretation magnetischer Anomalien muß man auf die Mehrdeutigkeit achten. Zwei magnetisch wirksame Kugeln in unterschiedlicher Tiefenlage erzeugen Minima und Maxima an der Erdoberfläche infolge des schräg nach unten gerichteten Magnetfeldes in unseren Breiten (Abb. 16). In polnäheren Regionen, wie in Kanada, fällt das Magnetfeld stärker ein, die Extrema rücken enger zusammen. Magnetische Profile und Karten sind daher dort von klareren Formen und leichter zu interpretieren. Mit etwas mathematischem Aufwand lassen sich

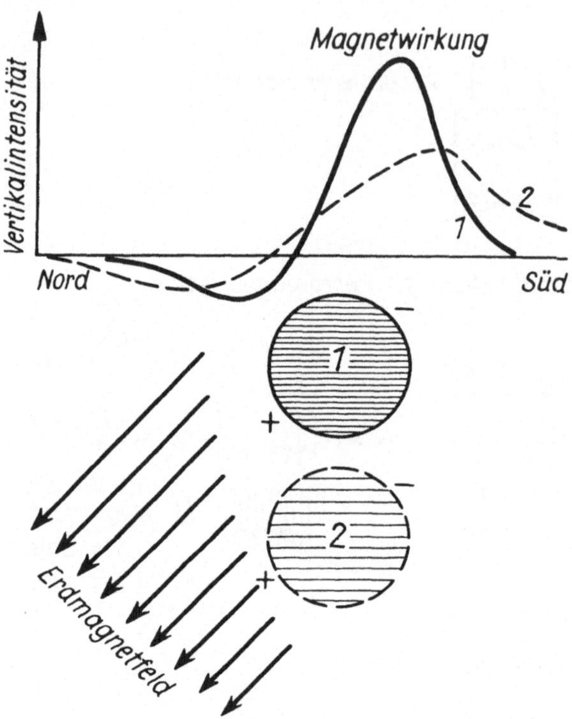

Abb. 16 Magnetwirkung einer Eisenkugel in verschiedenen Tiefen [2]

aber auch Dipole zu Monopolen reduzieren (magnetische Polreduktion).
Ferner ist zu bedenken, daß die Wirkung eines magnetischen Dipols nicht wie bei der Gravitation einer Masse mit dem Quadrat, sondern mit der dritten Potenz des Abstandes *r abnimmt*, also mit $1/r^3$. Tieferliegende magnetische Körper erzeugen flache und breite Anomalien, oberflächennahe dagegen steile und schmale.

Atomkerne als Kompaß?

Die magnetische Nadel eines Kompasses vermag die Richtung des Magnetfeldes anzuzeigen. Die Genauigkeit ist nicht immer ausreichend, während über die Stärke des Magnetfeldes keine Informationen zu erwarten sind. Seit langem wurde deshalb nach magnetisch besonders empfindlichen Stoffen gesucht, um genaue und gleichzeitig für die geomagnetische Lagerstättenerkundung robuste Geräte (Magnetometer) zu bauen. Geeignet sind Dauermagneten, stromdurchflossene Drahtspulen, angeregte Atome und rotierende Atomkerne.

Ein empfindlicher Dauermagnet, auf Schneiden gelagert oder an einem waagerecht gespannten Faden (einem Bande) frei beweglich aufgehängt, befindet sich im Inneren eines mechanisch-optischen Magnetometers. Mit diesem mehrere Gramm schweren stabförmigen Magneten wird die auszumessende Magnetkraft gegen die mehrere tausendmal stärkere Schwerkraft ausbalanciert, gleichsam ausgewogen. Daher auch der Name "magnetische Feldwaage", wobei die Bezeichnung Feld vom Einsatzort, dem Gelände, herrührt und nicht vom Magnetfeld. Zum Nachweis der Drehung oder Neigung des Magneten dient ein Lichtstrahl, der von einem am Magneten angebrachten Spiegel zurückgeworfen wird. Neigungen von 0.002 Grad entsprechen bei empfindlichen Feldwaagen etwa 1 nT, womit ihre Genauigkeitsgrenze erreicht ist. Der Meßvorgang dauert bei den mehrere 100g schweren Geräten insbesondere durch Horizontierung und Orientierung des Magneten etwa eine halbe Minute. Es werden je nach Achsenlage die Komponenten des Magnetfeldes gemessen. Feldwaagen sind handlich, robust, elektronikfrei und wartungsarm.

Zwei parallel angeordnete hochpermeable Metallkerne mit gegengeschalteten Primärwicklungen bilden das Herzstück des nach dem Konstrukteur Förster benannten Magnetometers, der Förstersonde, auch Ferrosonde, Fluxgate-Magnetometer oder Spulenkernmagnetometer genannt. Die Kerne werden durch einen Wechselstrom (50 -1000 Hz) bis zur Sättigung magnetisiert. Dieses Primärfeld wird nur dann in den Sekundärwicklungen einer solchen Sonde eine gleichgroße und entgegengesetzte Spannung induzieren, wenn sie sich in einem magnetisch vollständig homogenen oder feldfreien Raum befinden. Ein unsymmetrisches äußeres Magnetfeld, wie es jedem Magneten aufgrund seines Dipolcharakters eigen ist, erzeugt eine von der Feldänderung abhängige Spannung im Sekundärkreis. Die Magnetisierung der Spulenkerne ist je nach Materialgüte mehr oder weniger temperaturabhängig. Die Genauigkeit einfacher Systeme liegt zwischen 20 - 1 nT. Im Weltraum eingesetzte Spulenkernmagnetometer erreichen trotz extrem niedriger Temperaturen Präzisionen unter 0.001 nT. Die Meßwertausgabe kann kontinuierlich erfolgen, und

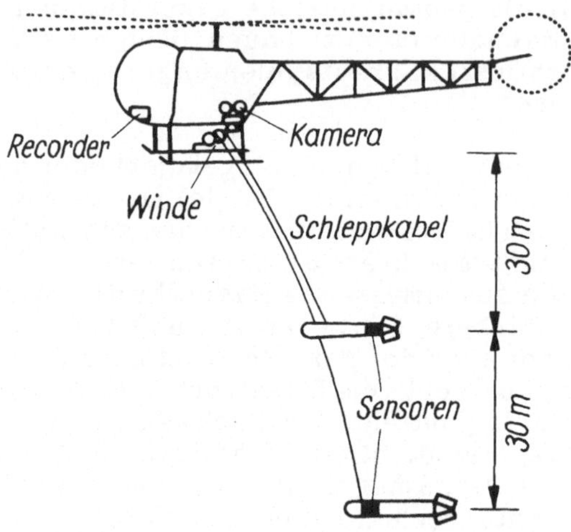

Abb. 17 Magnetische Gradientmessung mittels Rubidium-Dampf-Magnetometer [8]

auch eine digitale Anzeige ist möglich. Weil das Meßsystem der Metallkerne und Spulen vollkommen starr befestigt ist, eignen sich Förstersonden besonders für Messungen in Bewegung (als Metallspürgerät, als Minensuchgerät, auf Fahrzeugen, Schiffen, in Flugzeugen, in Satelliten). Die Magnetometer hängen außerhalb der starken Magnetfelder der Fluggeräte als Schleppkörper an den Maschinen (Abb. 17) und heißen Bird oder Stinger (engl. bird: Vogel; sting: Stachel).

Stark verdünnter, atomarer Dampf (Kalium, Rubidium, Cäsium oder Helium), in einer Meßzelle durch die kräftige Spektrallampe des gleichen Dampfes optisch aufgepumpt, bildet das Meßmedium der Quantenmagnetometer, auch Absorptionszellenmagnetometer genannt. In einem Magnetfeld werden die Spektrallinien der strahlenden Atome in mehrere eng benachbarte Linien aufgespalten (Zeeman-Effekt). Ihre gegenseitigen Verschiebungen sind proportional dem äußeren Gesamtmagnetfeld, aber auch proportional der Resonanzfrequenz, und diese wiederum ist durch verminderte Absorption in der Meßzelle erkennbar. Quantenmagnetometer messen außerordentlich präzise (0.1–0.0025 nT) bei niedrigem Schwellenwert und gleichzeitiger Unempfindlichkeit gegen Bewegungen. Es besteht also besondere Eignung zum Ausmessen schwacher Felder, wie sie im erdnahen kosmischen Raum und während der Mission von Planetensonden auftreten. Hohe Zeitauflösung garantiert enormen Meßfortschritt, allerdings gestalten sich Wartung und Reparaturen kompliziert, und der Anschaffungspreis ist hoch.

Rotierende Wasserstoffkerne (Protonen) und ihre Empfindlichkeit gegenüber äußeren Magnetfeldern verkörpern das Funktionsprinzip des heute gebräuchlichsten Magnetometertyps, des Protonen- oder Kernpräzessionsmagnetometers. Protonen rotieren wie winzige Kreisel und orientieren ihre Drehachsen in Richtung eines äußeren Magnetfeldes. Setzt man die Protonen einem starken künstlichen Feld aus und schaltet dieses daraufhin wieder ab, bewegen sich nun die Protonen wie nickende Kreisel um das verbleibende, weit schwächere Erdmagnetfeld (Präzession, lat. praecedere: vorangehen). Die Präzessionsfrequenz, oder Larmor-Frequenz, ist dann proportional dem Erdfeld. Es kann somit die Messung des Magnetfeldes auf eine elektrische Frequenzmessung zurückgeführt werden. Protonenmagnetometer erfassen die Gesamtstärke des Erdmagnetfeldes (Totalintensität, Absolutmessung) und arbeiten sehr genau (1 - 0.1 nT). Die Geräte können klein und handlich gefertigt werden, sind unempfindlich gegen Temperaturänderungen und Bewegungen, aber störanfällig gegen äußere elektrische Felder. Als Meßmedium dient einfaches Wasser. Die Magnetisierung der Wasserstoffatomkerne dauert etwa 1 s, was dem Meßfortschritt an Bord von Flugzeugen gewisse Grenzen setzt, denn Geschwindigkeiten über 300 km/h gestatten keine Meßpunktabstände unter 100 m.

Minerale und Metalle im Visier

Vorsicht Eisen! Magnetometer reagieren sehr empfindlich auf Eisenteile jeder Art, so daß Eisen in der Nähe des Meßgerätes die Anzeige ganz erheblich verfälscht. Eine Stecknadel in 50 cm Entfernung bringt selbst bei den mechanischen Feldwaagen noch deutliche Ausschläge. Kleidung, Schuhwerk, Schlüssel, Taschenmesser, sogar Notizbücher mit Stahlklammern sind Störquellen. Ein Pkw erzeugt in 3 m Entfernung eine Feldstärke von etwa 1500 nT, innerhalb dieser Entfernungen stören auch Rohrleitungen, Drahtzäune, Gebäude und Gittermasten (Abb. 18). In der Umgebung von Industriebauwerken, Großstädten und elektrisch betriebenen Bahnanlagen sind kilometerweit keine ungestörten geomagnetischen Messungen möglich. Beispielsweise würde man rund um Berlin statt erdmagnetischer Anomalien die Abfahrten der S-Bahnzüge in den Vororten registrieren.

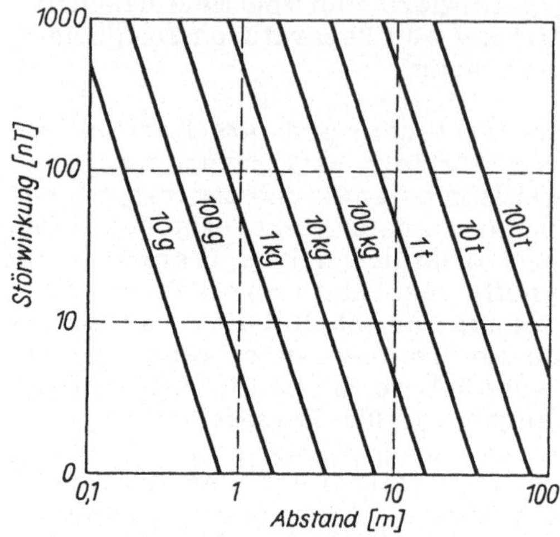

Abb. 18 Maximale Störwirkung von kugelförmigen Eisenteilen (magnetisches Moment $m_c=6 \cdot 10^{-7}$ Wb·m) [9]

Je nach Aufgabenstellung sollten der Meßpunktabstand und das Muster der erdmagnetischen Feldmessungen variiert werden. Für regionale Arbeiten zur Klärung des allgemeinen geologischen Baues der Erdkruste und zum Auffinden von größeren Anomalien genügen kilometerweite Abstände, wie sie bei der geophysikalischen Reichsaufnahme in Deutschland während der 30er Jahre üblich waren. Übersichtsmessungen sollten wegen des schnellen Meßfortschritts aus der Luft mit Flugzeugen oder Hubschraubern ausgeführt werden. Dabei sind Punktabstände um 100 m ausreichend.

Lokalmessungen auf Flächen unter 1 km erfordern Abstände zwischen 50 m und 10 m, um mit der gewünschten Auflösung aus dem gemessenen Anomalienbild auf die Konturen und die Tiefe der magnetisch wirksamen Quellen schließen zu können. Magnetische Mikromessungen wählen aus dem interessierenden Gebiet Meßflächen von etwa 10 m · 10 m aus und tasten diese sehr dicht ab. Wie unter einer Lupe offenbaren sich dann die Feinstrukturen des Magnetfeldes durch die hochauflösende Mikromagnetik.

Die Meßdaten der magnetischen Totalintensität T sind streng betrachtet nicht ohne Korrekturen miteinander vergleichbar, da zeit- und ortsabhängige Anteile die wahre Wirkung der induzierten und remanenten Magnetisierung verfälschen. Es sind dies die Variationen des Erdaußenfeldes δT_V, der Instrumentengang δT_I, das Normalfeld T_0, die Höhenkorrektur δT_{Hi} und die Geländekorrektur δT_{TOP}.

$$\Delta T = T - \delta T_V - \delta T_I - T_0 - \delta T_{Hi} - \delta T_{TOP}.$$

Verändern diese Korrekturen den Meßwert so deutlich wie die Reduktionen in der Gravimetrie die Schwereanomalie? Nein, denn im allgemeinen genügt die Berücksichtigung der Variationen des Erdaußenfeldes δT_V. Die erforderlichen Daten kann man durch eine feststehende Basisstation erhalten oder bei gröberen Messungen mit der Instrumentengangkorrektur δT^{I}.

Ein Blick auf die magnetische Karte Deutschlands offenbart ein recht bewegtes Bild von Anomalien, von magnetischen "Höhen und Tiefen". Die Granite und Lamprophyre der Lausitz sind ebenso zu erkennen wie die Basalte der Rhön und des Hegau. Überall dort, wo kristallines Felsgestein nahe unter der Erdoberfläche lagert, erscheinen kräftige, wenn auch kleinräumige Anomalien. Weiträumige magnetische Maxima im Norddeutschen Flachland geben Hinweise auf gewaltige Magmengesteine unter kilometermächtiger Sedimentdecke.

Das klassische Anwendungsgebiet der Geomagnetik ist die Erkundung von *Erzen*. Die riesigen sedimentären Lagerstätten von Eisenquarziten bei Kursk (Rußland), aber auch die von Minas Gerais (Brasilien) und in Liberia (Westafrika) erzeugen deutliche magnetische Effekte, aus denen der Geophysiker auf Eisengehalt und Tiefenlage der Erzkörper schließt.

Die meisten Eisenerzvorkommen sind räumlich eng begrenzt. Sie füllen Spalten im Felsgestein wie beispielsweise die Oberharzer Eisenerzgänge (Abb. 19). Mittels Geomagnetik gelingt die Abschätzung der vertikalen und horizontalen Ausdehnung, können Angaben zum Metallgehalt gemacht werden, wird der zielgerichtete Ansatz von geologischen Bohrungen und Schächten empfohlen. Erzlagerstätten sind auch im Erzgebirge, im Bayerischen Wald, in Schweden, in Kanada sowie in vielen anderen Erzregionen der Erde geomagnetisch gefunden und genauer beschrieben worden.

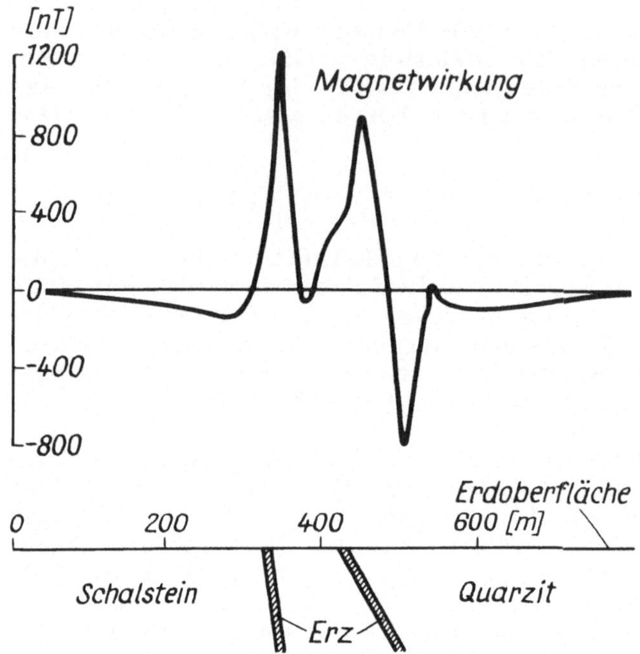

Abb. 19 Magnetische Vertikalintensität über Roteisenerzlagern im Harz [10]

Nicht nur Eisenerze, sondern auch Chromite, Diamanten, Gold und andere Minerale sind verschiedentlich mit Hilfe der Geomagnetik zu orten. Meist ist das aber nur über den indirekten Nachweis der gesuchten Lagerstätten möglich. So enthalten die südafrikanischen diamantführenden Kimberlite auch Magnetit, lagert das Gold von Witwatersrand (Südafrika) direkt neben magnetisch wirksamen Schiefern.

Geomagnetik hilft auch, *Baustoffe* zu suchen: Porphyre des Rheinlandes und Sachsens, Lamprophyre der Oberlausitz, Geschiebeblockfelder Schleswig-Holsteins. Erinnert sei an den Basalt, der sich vorzüglich als Straßen- und Gleisschotter eignet. Basalt enthält bis zu 4% Magnetit, was in der Nähe von Basaltschloten die Anzeige der Magnetometer auf mehrere Tausend Nanotesla hochschnellen läßt. Die magnetische Suche von *Basalt* ist auch im Kalibergbau für die Grubensicherheit wichtig, da

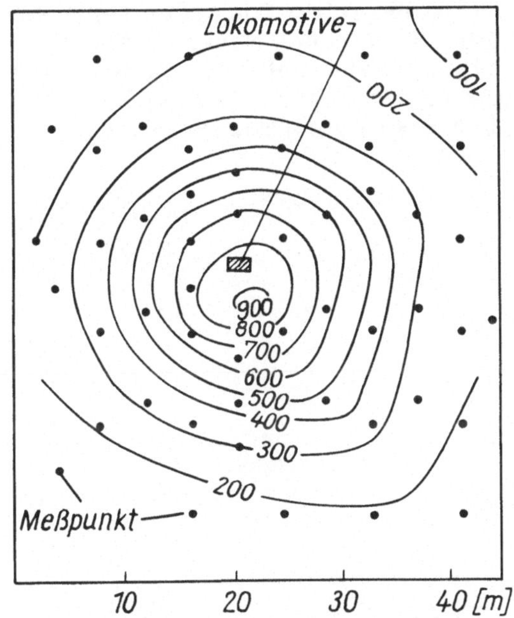

Abb. 20 Magnetisches Feld (in nT) einer durch eine Rutschung in 15 m Tiefe verschütteten Grubenlok [11]

sich mit den in die Kaliflöze eingedrungenen Basalten häufig auch CO_2-reiches, warmes Tiefenwasser angesammelt hat und ein hochexplosives Gefahrenpotential bildet.

Mikromagnetische Spezialmessungen lassen im Anomalienbild die *Fließrichtung* von erstarrenden Magmagesteinen sichtbar werden, da die darin enthaltenen winzigen Magnetitkristalle die Bewegungsrichtung verraten. Gleiches gilt für die magnetische Erkennung der im Verlaufe der jüngeren Erdgeschichte in der Uferzone der Ostsee abgelagerten Schwermineralsande.

Durch Havarien verschüttete oder verborgene *eisenhaltige Objekte* kann der Geophysiker mit einfachen und handlichen Magnetometern auffinden. Das betrifft Grubenloks (Abb. 20) und Tagebaugeräte, Kabel und Pipelines, Schiffswracks und Anker ebenso wie Minen, Blindgänger, Waffen und Munition. Auch Verunglückte unter Lawinen wurden schon magnetisch aufgespürt. Es gibt spezielle Magneten, die man im Winter zwecks besserer Ortung im Katastrophenfall mit auf Tour nehmen sollte.

Abschließend noch ein Wort zum Einsatz der Magnetik in der *Archäologie*. Gegenstände aus gebranntem Ton oder Lehm wie Ziegel, Töpfe, Vasen, Brennöfen, Herde, auch Mauern, Wälle, Gräber oder ganz allgemein Siedlungsplätze enthalten in der Regel mehr Magnetit als ihre Umgebung und heben sich zuweilen deutlich als magnetische Anomalien aus dem Normalfeld heraus.

Strom in den Gesteinen - die Geoelektrik

Elektrizität überall

Magdeburgs Ratsherr und Bürgermeister Otto von Guericke (1602-1686) erfand um 1658 nicht nur die Luftpumpe, sondern auch eine Elektrisiermaschine. Mit ihr konnte man bestimmte Metalle aufladen und sie dadurch elektrisch abstoßend oder anziehend machen. 1720 erkannten die Engländer Gray und Wheeler, daß auch Gesteine elektrisierbar sind, wenn sie an einem seidenen Faden hängen oder auf einer Glasplatte liegen. Und sie bewiesen gleichzeitig, daß die Elektrizität längs eines Fadens oder Drahtes fortschreiten kann.

Ein weiterer Engländer, William Watson (1715-1787), experimentierte 1746 im Freien mit einer Elektrisiermaschine und erdete zwei angeschlossene Drähte in etwa 2 Meilen (etwas mehr als 3 km) Entfernung. Dabei bemerkte er, daß die Elektrizität auch durch den Erdboden fließt und daß die Erde somit ein elektrischer Leiter ist.

Den nächsten Meilenstein auf dem Wege zur Geoelektrik setzte wiederum ein Brite. Sein Name war Robert Fox. Dieser hielt im Jahre 1830 einen Vortrag in der Royal Society über elektrische Versuche in den Kupferschächten der südwestenglischen Halbinsel Cornwall. Fox hatte Kupfernägel in Erzadern geschlagen und durch Drähte über mehrere Meter verbunden, verschiedentlich sogar über Hunderte von Metern. Ein zwischengeschaltetes Meßgerät, ein Galvanometer, registrierte deutliche elektrische Ströme, die durch keinerlei Gerät oder Maschine künstlich angeregt sein konnten. Fox vermutete die Ursache in einem erdumspannenden Stromfeld, ähnlich dem Erdmagnetfeld. Das war zwar ein Irrtum, denn Fox hatte die Eigenelektrizität der Kupfererze gemessen, aber später sollte sich zeigen, daß es ein globales Erdstromfeld in anderer Form dennoch gibt.

Um das Jahr 1840 begannen unter Ferdinand Reich (1799-1882) erste Versuche zur elektrischen Erzsuche auch im sächsischen Erzbergbau bei Freiberg. Um deutliche Meßeffekte zu bekommen, mußte man die Erdungen der Galvanometer möglichst weit auseinandersetzen, und das erwies sich im Bergbau als Problem. An der Erdoberfläche nutzte Peter Barlow im Jahre 1849 bei Derby (England) die Drähte und Masten zweier zusammenlaufender

Telegraphenlinien, um Erdströme zu messen. Gleiches ist vom deutschen "Postmeister" Heinrich v. Stephan (1831-1897) überliefert, der entlang der Telegraphenstrecken Berlin-Thorn und Berlin-Dresden gleichfalls das Phänomen der Erdströme zu erforschen suchte. Allerdings war damit keine Eigenelektrizität von Erzadern aufzuspüren. Da mußte man schon in Bergbaureviere gehen.

Im Jahre 1882 nutze Carl Barus bei Comstock Lode (Nevada) erstmals mit Erfolg ein elektrisches Erzsuchinstrument, bestehend aus zwei Elektroden und einem dazwischengeschalteten Galvanometer. 1897 gelang den Amerikanern Williams und Daft die flächenhafte Messung von elektrischen Bodenleitfähigkeiten mittels Wechselstrom, wobei sie als "Anzeigegerät" einen zwischen die Grundelektroden geschalteten Telephonhörer verwendeten. Um die Jahrhundertwende wurden verschiedene elektrische Erzspürgeräte ausprobiert und zum Patent angemeldet. Große und unerklärliche Schwankungen der obendrein recht schwachen Erdströme bei Dauer- und Wiederholungsmessungen ließen allerdings an der Zuverlässigkeit dieser Verfahren zweifeln und trugen keineswegs zu ihrer allgemeinen Verbreitung bei.

Etwa zur gleichen Zeit unternahm C.Hülsmeyer (1881-1957) Versuche zur Nutzung von Rundfunkwellen in der Erdforschung. Er hatte 1904 ein deutsches Reichspatent zur Reflexion von elektrischen Wellen an leitenden Massen zwecks Nachweis ihrer räumlichen Lage angemeldet. 1910 versuchten Leimbach und Löwy, einen Berg mit elektrischen Wellen zu durchstrahlen. Löwy begann gar im Jahr darauf Experimente zur Erderforschung mittels elektrischer Wellen von Flugzeugen und Luftschiffen aus. All diese Unternehmungen waren zwar originell, aber praktisch zum Scheitern verurteilt, weil damals noch keine geeignete Technik, wie die Elektronenröhre, zur Verfügung stand. Erst mit der Entwicklung des Radar fast 50 Jahre später erhielten hochfrequente elektromagnetische Wellen für die Geoelektrik eine berechtigte Chance.

Inzwischen war aber die Methodik zur Messung von Erdströmen auf ein solches Niveau entwickelt worden, daß nutzbringende Einsätze bevorstanden: Der französische Physikprofessor Conrad Schlumberger hatte 1912 erstmals umfangreiche kommerzielle Arbeiten mit natürlichem Erdstrom betrieben. Er veröffentlichte Karten mit Linien gleichen elektrischen Potentials des Calvados-Beckens in Südfrankreich, wodurch neuartige Einsichten in den komplizierten tektonischen Bau dieses Gebietes möglich wurden.

Der Beginn des Einsatzes künstlicher Ströme zur Messung der Bodenleitfähigkeit und zur Suche elektrisch leitender geologischer Objekte im Untergrund fällt ebenfalls in diese Zeit. Im Jahre 1913 nutzte der Schwede Bergström einen Funkeninduktor als Gleichstromquelle und maß die Ausbreitung des Stroms rings um die Erdungen. 1916 erhielt der Amerikaner Frank Wenner ein Patent für den Vorschlag eines geoelektrischen Vierpunktverfahrens. Bei diesem, die Geoelektrik revolutionierenden Verfahren wird der elektrische Strom einer Gleichspannungsquelle, einer Batterie, über zwei Elektroden in den Erdboden geschickt und die Leitfähigkeit nicht direkt durch ein zwischengeschaltetes Galvanometer gemessen, sondern indirekt durch ein Voltmeter zwischen zwei Hilfselektroden. Damit sind endlich verläßliche Informationen über den Untergrund möglich, denn die beim Zweielektrodenverfahren gemessenen Werte wurden immer wieder durch die Übergangswiderstände an den Elektroden verfälscht. Das ist beim Vierelektrodenverfahren nicht mehr der Fall, da Anregungsstromkreis und Meßstromkreis voneinander getrennt sind.

Um 1920 erweiterte Conrad Schlumberger das 4-Punkt-Verfahren auf Wechselstrom, indem er die felderregende Spannung zur Unterscheidung von störendem natürlichem Gleichstrom im niederfrequenten Takt umpolte. In den USA (Texas, Oklahoma, New Mexico), aber auch in Europa (Rumänien, Galizien) begann die systematische Suche von erdölführenden Sandsteinen und Kalksteinen mittels geoelektrischer Leitfähigkeitsmessungen. Gleichzeitig setzten Versuche ein, auch die elektromagnetischen Eigenschaften von niederfrequentem Wechselstrom (mehrere hundert Hertz) zu nutzen. Ein Wechselstrom im Boden strahlt immer auch elektromagnetische Wellen ab, und diese werden durch die Verteilung der Leitfähigkeit beeinflußt. Die Stärke und die Phasenlage solcher Wellen weisen auf Leitfähigkeitsanomalien hin.

Als erster erprobte 1913 Schilowsky die Anwendung dieser Effekte für die Erzsuche. Ambronn konstruierte 1921 eine brauchbare Empfangsantenne für künstlich durch Wechselstrom erzeugte elektromagnetische Erdwellen, indem er eine frei im Raum bewegliche drehbare Spule aus vielen Drahtwindungen fertigte und die Lage der Spulenachsen im Raum mit Kompaß und Lot bestimmte.

Ein weiterer Markstein in der Entwicklung der Geoelektrik war der erstmalige Einsatz elektrischer Meßsonden in Bohrungen zur Erkennung erdölführender Schichten im Jahre 1927 in Frankreich durch Conrad und Marcel Schlumberger.

Drei Jahre später machte der amerikanische Geologe Ernst Cloos eine kuriose Entdeckung. Häufig war er mit seinem Auto im Appalachen-Gebirge unterwegs und hörte über eine im Dach des Wagens eingebaute Antenne umliegende Radiosender. Dabei fiel ihm auf, daß es trotz eingeschaltetem Verstärker "tote" Empfangspunkte gab. Das waren ganz bestimmte Stellen auf den Straßen, an denen der Empfang im Autoradio deutlich schlechter wurde. Als Geologe erkannte Cloos bald, daß es sich dabei jedesmal um Positionen handelte, an denen er die Riderwood Verwerfung querte. Das ist eine markante tektonische Linie nördlich von Baltimore, an der Gneis gegen Marmor, Schiefer und Gabbro grenzt. Cloos vermutete richtig, daß die unterschiedliche elektrische Leitfähigkeit der Gesteinspakete einen Einfluß auf die Empfangsqualität seines Autoradios ausübte und empfahl empfindlichere Geräte zu bauen, um diesen Effekt für die geologische Kartierung zu nutzen. Dies gelang allerdings erst in den fünfziger Jahren.

Bereits 1936 begann Marcel Schlumberger mit der Ausmessung und der geologischen Interpretation eines anderen, für den Geophysiker gleichsam gratis zur Verfügung stehenden elektrischen Feldes. Er konstruierte als erster eine Apparatur zum Empfang des globalen, durch erdäußere Quellen angeregten Erdstromfeldes, des tellurischen Feldes (Perioden im Sekunden- und Minutenbereich).

Im Jahre 1958 begannen E.H.Hedström und D.S.Parasnis in Schweden mit umfangreichen, flächendeckenden elektromagnetischen Messungen aus der Luft. Um 1965 gelang erstmals in Salzbergwerken die Radiowellendurchstrahlung von Salzkörpern zur Erkennung von Leitfähigkeitsanomalien. Anfang der 80er Jahre kamen dann auch die ersten, für geoelektrische Zielstellungen (Erkennung oberflächennaher reflektierender Objekte) brauchbaren Radargeräte auf den Markt (Georadar).

Der Geoelektriker ist wie kein anderer Geophysiker in der Lage, sein Meßsystem zu variieren, um sich an die Problemlösung heranzuarbeiten. Er kann Stromstärke, Spannung, Frequenz, Elektroden, Spulen, Antennen einschließlich ihrer Lage und Anzahl in weiten Grenzen verändern und kombinieren. "Es stehen ... zur Erzeugung eines geeigneten Feldes viele Freiheitsgrade offen. Damit wird geoelektrisches Arbeiten zu einer Experimentierkunst, deren Erfolg nicht nur auf erworbenen Sachkenntnissen und handwerklichem Können, sondern mehr noch auf den besonderen Gaben des Meisters beruht." (J.N.Hummel).

Eiserner Hut und Edler Fuß

Die unsichtbar fließenden Erdströme sind bewegte elektrische Ladungen in Gestalt von Elektronen und Ionen. Von natürlichen oder künstlichen Spannungen getrieben, wandern sie durch den Boden unter unseren Füßen. Die Ableitung von Gesetzmäßigkeiten des geologischen Baus oder gar das Auffinden von Erzlagern durch Besonderheiten der Erdelektrizität verdanken wir neben der notwendigen Gerätetechnik auch zwei grundlegenden Naturerscheinungen: der Eigenelektrizität und/oder der elektrischen Leitfähigkeit, der elektrischen "Durchlaßfähigkeit" der Gesteine.

Zunächst einige Worte zur Eigenelektrizität. Man denke an folgendes Experiment: Ein Kupfer- und ein Zinkstab tauchen in ein Gefäß mit Schwefelsäure (Elektrolyt). Verbindet man die Metallstäbe durch einen Draht, so fließt elektrischer Strom, der mittels eines zwischengeschalteten Galvanometers nachgewiesen werden kann. Dabei gehen aus dem Metall positive Ionen in Lösung, und dadurch werden die Metalle negativ geladen. Eine elektrische Doppelschicht aus positiven Ionen außerhalb und negativen Ionen innerhalb der Stäbe stoppt weiteres Abströmen von Metallionen und verhindert das Zersetzen des Metalls. Bei Kupfer läuft dieser Vorgang weniger intensiv ab als bei Zink. Kupfer ist edler, Zink unedler und somit in unserem Experiment negativer geladen als Kupfer. Zink hat eine höhere Elektronendichte im Stab. Die Verbindung der beiden Metallstäbe durch einen Draht führt zum Ladungsausgleich; es fließt elektrischer Strom. Das geschilderte Experiment verdeutlicht die Wirkungsweise eines galvanischen Elements, das Grundprinzip jeder Batterie.

Die Natur hat unzählige Metalle und Metallverbindungen hervorgebracht. Sie lagern verborgen in den Gesteinen und reagieren mit dem umgebenden Gestein elektrochemisch wie äußerst schwa-

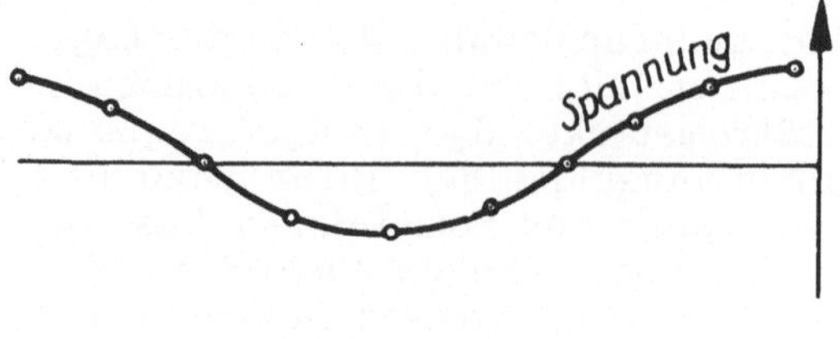

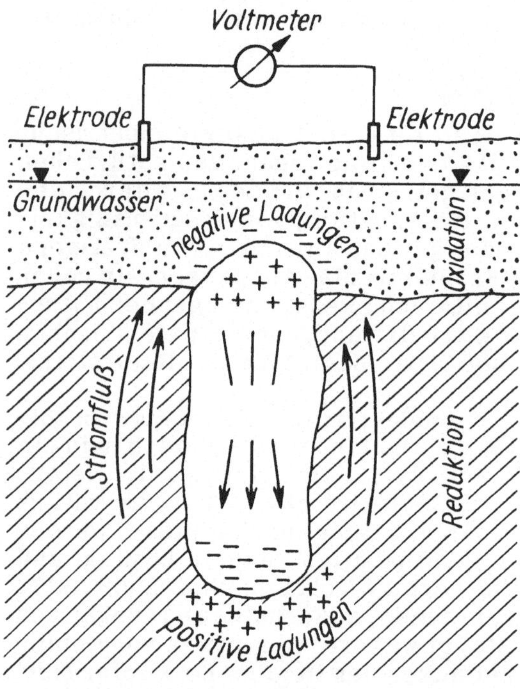

Abb. 21 Eigenelektrizität eines Erzkörpers

che Batterien. Ein merklicher Strom fließt in ihnen nur dann, wenn sie sich zu größeren Komplexen "zusammenschalten". Manche Erzkörper können solche Riesenbatterien bilden, mehrere hundert Meter im Durchmesser, aber vergleichsweise nur schwache Ströme erzeugend. Das Erz übernimmt dort die Rolle der Metallstäbe. Es reagiert mit dem Nebengestein, dem "Elektrolyten" und erzeugt eine Doppelschicht (Abb. 21). Diese ist aber nicht gleichmäßig über die Außenhaut verteilt, sondern zeigt deutliche Änderungen, d.h. verschieden starke Aufladungen, von oben nach unten. Verursacher dieser Differenz sind das Wasser und der in ihm gelöste Sauerstoff. Von der Oberfläche versickern die Niederschlagswässer in den Bereich schwankenden Grundwasserspiegels, dem nach unten die Fließ- und die Stagnationszone folgen. Entsprechend geprägt wird das chemische Milieu: oben Oxydation, unten Reduktion. Oben die unedlen Karbonate, Sulfate und vor allem die Eisenoxide (Brauneisen), die den Eisernen Hut des Erzkörpers bilden; unten sammeln sich die edleren Metalle, der Edle Fuß mit den Sulfiden von Kupfer, Blei und Silber, mit Pyrit, Bleiglanz, Magnetkies, Zinkblende.

Ein solcher Erzkörper in bergfeuchter Umgebung ist ein elektrischer Stromdipol mit dem negativen Pol oben. Von dort wandern die elektrischen Ladungen im Erz nach unten, treten aus und strömen im Nebengestein nach oben, wo sie durch den Eisernen Hut wieder eintreten. Der Stromkreis ist geschlossen. Im negativen Zentrum über dem Erz können elektrische Spannungsanomalien von mehreren Millivolt je Kilometer gemessen werden. Man spricht auch von Eigenspannung, Eigenpotential, Selfpotential oder Spontanpotential.

Eigenelektrizität entsteht in der Natur nicht nur durch elektrochemische Reaktionen, sondern auch durch strömende Flüssigkeiten. In der Erde fließendes Wasser transportiert mit den Wassermolekülen gleichzeitig elektrische Ladungen. Sie bilden sich an der Grenze von festen und flüssigen Stoffen als elektrische Doppelschichten und führen zwischen den Enden von Kapillaren und feinen Haarrissen zu elektrischen Potentialunterschieden. Durch Ionenwanderung werden diese Differenzen ausgeglichen, was aber zur Folge hat, daß bei gleichbleibender Fließgeschwindigkeit eine Strömungselektrizität entsteht (Filtrationselektrizität).

Nun zur elektrischen Leitfähigkeit. Jeder weiß, daß es gute und schlechte Leiter gibt. Kupferdraht leitet den elektrischen Strom fünfmal besser als Stahldraht; Wasser ist ein guter Leiter, Keramik und Porzellan sind praktisch Nichtleiter, Isolatoren. Die elektrische Leitfähigkeit der Gesteine ist eine spezifische Materialgröße wie die Dichte und die magnetische Suszeptibilität. Das Ohmsche Gesetz besagt, daß der Stromfluß mit zunehmender Spannung wächst, d.h. der Strom I ist direkt proportional zur Spannung U. Durch ein Material aber fließt bei gleicher Spannung mehr, durch ein anderes weniger Strom, so daß Gleichheit erst durch den Leitwert G hergestellt wird:

Strom I = Leitwert G • Spannung U.

Statt elektrischem Leitwert kann man seinen Kehrwert verwenden, den elektrischen Widerstand ($R=1/G$):

$$I=\frac{U}{R} \quad \text{oder} \quad R=\frac{U}{I} \qquad \text{(Ohmsches Gesetz).}$$

Jedes Gestein besitzt als Natureigenschaft einen ganz bestimmten Widerstand, nämlich seinen spezifischen elektrischen Widerstand. Als Einheit ist in der Geoelektrik das Ohmmeter [Ωm] oder Ohmzentimeter [Ωcm] üblich. 1 Ωm beträgt der spezifische elektrische Widerstand, wenn zwischen den gegenüberliegenden Seiten eines Würfels von 1 m Kantenlänge beim Anlegen von einer Spannung von 1 Volt ein Strom von 1 Ampere fließt. Der Kehrwert des spezifischen Widerstands ρ ist die Leitfähigkeit σ. Ihre Maßeinheit ist Siemens pro Meter [$S \cdot m^{-1}$].

Die spezifischen elektrischen Widerstände der Gesteine, Minerale und Werkstoffe zeigen gewaltige Unterschiede (Abb. 22). Keine

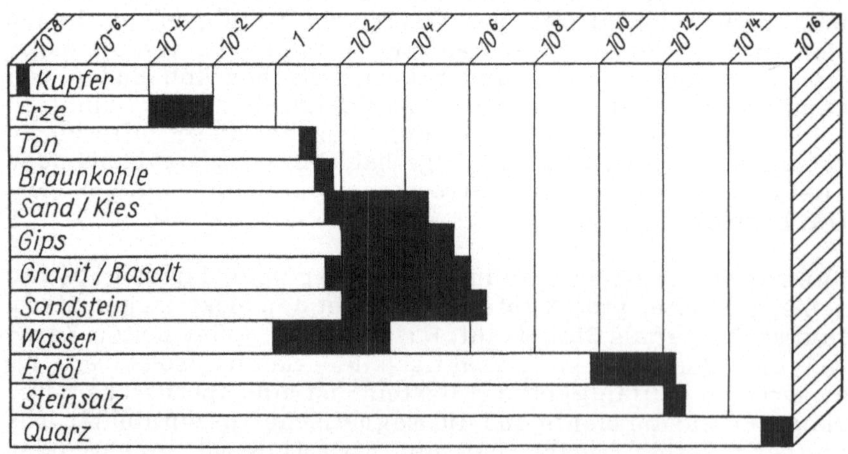

Abb. 22 Spezifische elektrische Widerstände [in Ωm]

andere gesteinsphysikalische Eigenschaft ist so stark differenziert. Metalle leiten den elektrischen Strom milliardenfach besser als Kohle oder Wasser, und diese sind wieder billionenfach bessere elektrische Leiter als Glas oder Quarz. In einer logarithmischen Ωm-Skale (jedem Schritt von 1 entspricht der Faktor 10) rangieren die Metalle bei negativen Werten um -7 und -8 (Silber $1.5 \cdot 10^{-8}$, Kupfer $1.7 \cdot 10^{-8}$, Aluminium $2.4 \cdot 10^{-8}$, Messing $4 \cdot 10^{-8}$, Eisen bei $1 \cdot 10^{-7}$). Erze liegen etwa bei -3 bis -5 (Magnetit 10^{-3},Bleiglanz 10^{-5}), Wässer und Böden etwa bei -1 bis +1 entsprechend 0.1 bis 10 Ωm. Damit weisen sie bessere Leitfähigkeiten auf als die meisten Gesteine. Das ist für geoelektrische Erkundungen günstig, weil erst der gute Kontakt zwischen Stromelektroden und Erdboden die Voraussetzung für das Eindringen des Stromes in den tieferen Untergrund schafft.

Die spezifischen Widerstände der meisten Gesteine liegen logarithmisch zwischen 1 und 6, entsprechend 10 Ωm bis 1 Million Ωm. Steinsalz und Kali sind sehr schlechte Leiter (6–8), und fast wie Isolatoren wirken Erdöl, Glas, Porzellan (logarithmisch bis 15, entsprechend einem Wert des spezifischen Widerstands in Ωm mit 15 Nullen). Auch die Widerstände der häufigsten gesteinsbildenden Minerale wie Feldspat, Quarz und Glimmer sinken auf der logarithmischen Skale nicht unter 9 (entspricht 1 Milliarde Ωm). In Lockergesteinen steigt der Widerstand mit zunehmender Korngröße von Ton über Schluff (Staubsand) zu Sand und Kies. Festgesteine zeichnen sich vor allem durch höhere Widerstände aus, während zunehmende Zersetzung und der damit mögliche Zutritt von Wasser die Widerstände teilweise ganz erheblich vermindern.

Alle Gesteine sind äußerst "empfindlich" gegen gutleitende Beimengungen. Bereits geringe Zusätze eines metallischen Erzminerals, wie feinverteilte Imprägnationen aus Kupferkies, machen aus einem Fast-Isolator wie Porphyr einen extrem guten Leiter. "Strom sucht sich seinen Weg", die Stromlinien folgen den Bahnen des geringsten Widerstands. Sehr deutlich wird dies auch, wenn Feuchtigkeit ins Gestein kommt. Die meisten Wässer führen als Elektrolyte gelöste Salze mit sich, wie Chloride, Karbonate und Sulfate, auch Säuren und Basen. Der Widerstand fällt von mehr als 1000 Ωm bei destilliertem Wasser über 100 Ωm bei Grundwasser mit einer Konzentration von 60 mg NaCl pro Liter auf 10 Ωm bei 250 mg NaCl/l (Geschmacksgrenze) und liegt weit unter 1 Ωm bei stark salzigem Grund- und Grubenwasser. In ähnlicher Weise können die spezifischen Widerstände von trokkenem zu nassem Sand von mehreren 1000 Ωm auf unter 10 Ωm abfallen.

Mit Batterien und Generatoren

Geoelektrische Messungen im Gelände sind nur möglich, wenn durch die Gesteine Ströme fließen, wenn also im Boden elektrische Spannungen auftreten. Im einfachsten Fall kann man auf technische Spannungsquellen verzichten, da die Eigenelektrizität der Gesteine natürliche elektrische Erdspannungen aufbaut. Die Werte liegen je nach Aktivität zwischen Volt und Millivolt pro Kilometer. Damit läßt sich stellenweise an der Erdoberfläche schon ein kleines Lämpchen zum Glimmen bringen.

Jeder kann auf denkbar einfache Weise natürliche Erdelektrizität selbst feststellen und ihre Quellen suchen. Dazu muß er nur die Spannungen zwischen Erdungen messen. Es genügen 2 Elektroden, ein isolierter Draht und ein hochohmiges, möglichst empfindliches Voltmeter. Man wählt einen Elektrodenabstand von mehreren Metern und wandert mit dem Elektrodenpaar und dem Meßgerät von Meßpunkt zu Meßpunkt. Die zwischen den Elektroden gemessenen Spannungen werden in eine Karte eingetragen und geben ein flächenhaftes Bild des Eigenpotentials. Das Gebiet mit den größten Spannungsdifferenzen spiegelt die Begrenzungen des gesuchten elektrisch wirksamen Körpers wider.

Zum Problem für den Geophysiker können technische Ströme werden, die in der Nähe von Siedlungen, Industriewerken und elektrifizierten Eisenbahnen den Untergrund als sogenannte vagabundierende Ströme elektrisch "verseuchen". In solchen Fällen zeigt das Voltmeter oft nicht allein die natürliche Bodenelektrizität an, sondern zeitlich stark schwankende Störspannungen.

Zwei weitere Schwierigkeiten gilt es bei Eigenpotentialmessungen zu überwinden. Man sollte erstens ein hochohmiges Voltmeter oder eine Schaltung zur Spannungskompensation wählen, damit zwischen den Erdungen keine Ströme fließen. Diese würden durch Kurzschlüsse die aufgebauten Erdspannungen ableiten und so die natürlichen Verhältnisse während der Messung verzerren. Zum zweiten sind an die Art der Elektroden bestimmte Bedingungen zu knüpfen. Einfache Metallspieße als Elektroden würden mit dem Boden selbst galvanische Elemente bilden und sich dem natürlichen Trend unkontrolliert überlagern. Diese sogenannte Elektrodenpolarisation wird vermieden, wenn die Metallelektroden in die gesättigte Lösung eines ihrer Salze tauchen, z.B. eine Kupferelektrode in Kupfersulfat. Das geschieht in flaschenförmigen Tongefäßen mit porösen Böden, deren Kapillaren die Lösung teilweise hindurchlassen (unpolarisierbare Elektroden). Dadurch wird auch der Boden getränkt, und der Kontakt zwischen Metall und Erdreich erfolgt nicht direkt, sondern über die dazwischenliegende Lösung.

Wesentlich weiter verbreitet als die Eigenpotentialmessungen sind die geoelektrischen Verfahren unter Verwendung künstlicher Ströme. Je nach der Frequenz des verwendeten Stromes ist zwischen Gleichstrom-, Niederfrequenz- und Hochfrequenzverfahren zu unterscheiden.

Gleichstromverfahren

Man stecke eine Metallelektrode *A* in die nach Leitfähigkeitsanomalien zu untersuchende Fläche, verbinde sie per Kabel mit dem Pluspol einer Spannungsquelle (Batterie) und setze die negative Elektrode *B* in möglichst große Entfernung. Dann werden im Falle homogenen Untergrundes die von der positiven Elektrode *A* ausgehenden Stromlinien von *B* nicht beeinflußt; sie können sich radialstrahlig ausbreiten. Befinden sich Leitfähigkeitsanomalien, wie Erzkörper oder Salzstöcke, in der Nähe von Elektrode *A*, dann werden die Stromlinien verzerrt. Sie verlaufen möglichst lange in guten Leitern und queren die schlechten Leiter auf kurzen Wegen (Prinzip des kleinsten Zwanges). Gute Leiter "saugen" die Ströme an, schlechte Leiter stoßen sie ab. Die Aufgabe der Geoelektrik besteht nun in der Erfassung der Deformation dieser Stromlinien, indem die senkrecht zu ihnen verlaufenden Potentiallinien ausgemessen werden. Das geschieht wie beim Eigenpotentialverfahren durch zwei weitere Elektroden, auch Potentialelektroden oder Sonden genannt. Sie greifen das elektrische Potentialfeld rings um die Elektrode *A* ab. Das flächenhafte Bild der mittels Voltmeter ausgemessenen Potentiallinien spiegelt die Leitfähigkeitsverteilung im Untergrund wider.

Statt an eine in den Boden gerammte Metallelektrode kann man auch an ein Bohrrohr, eine Rohrleitung oder gar an einen Erzkörper eine Spannung anlegen und sie damit unter Strom setzen, sie gleichsam aufladen. Man spricht vom Verfahren "mise a la masse" (französisch mise: legen, setzen, stellen). Im Falle eines aufgeladenen Erzkörpers zeichnen die in seiner Umgebung entstehenden Potentiallinien die Konturen dieses Körpers nach. So genügt eine einzige Bohrung in das Erz, und der Geophysiker kann die Projektion, den "Schatten" dieser Erzlagerstätte, an der Erdoberfläche geoelektrisch abtasten.

Leider lassen sich mit dem Potentiallinienverfahren die genauere Form und vor allem die Tiefenlage von Leitfähigkeits-/ Widerstandsanomalien nur schwer erkennen. Mehr Aussicht bieten dafür die Widerstandsverfahren, von denen es vielfältige Modifikationen gibt. Ihnen allen ist eigen, daß ein künstlicher Strom über Speiseelektroden in den Boden geschickt wird, eine Ausmessung des von diesem Strom erzeugten Spannungsfeldes durch Abtastung mittels Potentialsonden erfolgt und aus Strom und Spannung über das Ohmsche Gesetz der Widerstand errechnet wird. Dieser Widerstand heißt scheinbarer spezifischer Widerstand. Er ist ein Summenwiderstand über die einzelnen spezifischen Gesteinswiderstände unterhalb der Meßanordnung und ist außerdem von der Geometrie der Meßanordnung, der Position der Elektroden abhängig.

Zwischen zwei entgegengesetzt gepolten Elektroden *A* und *B* bildet sich im Boden ein elektrisches Feld aus, dessen Stromlinienverlauf -ähnlich wie in der Umgebung einer Einzelelektrode- von der geologischen und geophysikalischen Situation abhängt (Abb. 23). Aus der Messung der Stromstärke *I* zwischen den Elektroden *A* und *B* und der Spannung *U* (Potentialdifferenz zwischen den Sonden *M* und *N*) kann unter Beachtung der gegenseitigen Lage von Elektroden und Sonden über das Ohmsche Gesetz der scheinbare spezifische Widerstand errechnet werden.

Zur Erzeugung des elektrischen Feldes ist prinzipiell eine Gleichstromquelle geeignet. Allerdings würden in diesem Fall industrielle Störströme die Sondenspannung stark verändern können, so daß bei praktischen Untersuchungen im Gelände meist mit niederfrequentem Wechselstrom gearbeitet wird. Dieser hat den Vorzug, daß die Empfangscharakteristik des den Sonden zwischengeschalteten Spannungsmeßgeräts selektiv auf die ausgesendete Nutzfrequenz einstellbar ist. Die Sonden sind dann tatsächlich nur für die Stromanteile des bei *A* und *B* eingespeisten Stromes empfänglich. Die Interpretation der unter Verwendung von niederfrequentem Wechselstrom (f<100 Hz) gewonnenen

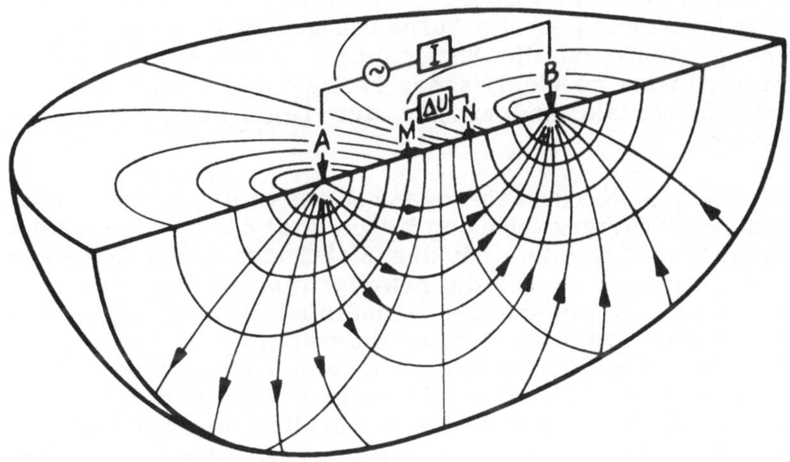

Abb. 23 Geoelektrisches Widerstandsverfahren (Stromelektroden A,B; Potentialsonden M,N)

Meßergebnisse kann später trotzdem nach den gleichen Grundregeln erfolgen wie im Falle von Gleichstrom.

Eine aus den Elektroden *A* und *B* sowie den Sonden *M* und *N* bestehende Vierpunkt-Anordnung zur Widerstandsmessung wird zur Vereinfachung der Meßdurchführung und zur Minimierung des numerischen Auswerteaufwandes linear und symmetrisch ausgelegt. Meist befinden sich außen die Stromelektroden und innen die Spannungssonden. Aus potentialtheoretischen Gründen ist eine Vertauschung von Elektroden und Sonden möglich und für Kontrollzwecke hin und wieder zu empfehlen. Zur Ermittlung der Form und Lage von geologischen Körpern muß die Vierpunktanordnung an der Erdoberfläche bewegt werden. Das geschieht zweckmäßigerweise auf Profillinien unter Beibehaltung der Symmetrie. Der für die jeweiligen Positionen ermittelte scheinbare spezifische Widerstand wird auf den Mittelpunkt der Meßanordnung bezogen. Bei gleichem gegenseitigem Abstand der Elektroden und Sonden wandert der Bezugspunkt entlang des Profiles oder der Meßfläche bei etwa konstanter Eindringtiefe des Stromfeldes. Die gemessenen Widerstände repräsentieren dann in erster Näherung die elektrischen Eigenschaften eines jeweils gleichmächtigen Tiefenbereiches unter der Erdoberfläche. Geoelektrische Vierpunktmessungen mit identischer Aufstellungsweite und veränderlichem Mittelpunkt bezeichnete man früher in Anlehnung an die Aufnahme geologischer Karten als Kartierung. Heute ist die Bezeichnung Profilierung üblicher geworden. Mittels geoelektrischer Profilierung lassen sich bevorzugt horizontale Änderungen der Lagerungsverhältnisse nachweisen.

Wird eine vertikale, tiefenbezogene Aussage angestrebt, dann läßt man zweckmäßigerweise den Mittelpunkt der Meßanordnung unverändert und wandert mit den Elektroden unter Beibehaltung der Symmetrie. Durch die Erweiterung des Abstandes der Elektroden werden immer größere Tiefenbereiche vom Stromfluß erfaßt. Der scheinbare spezifische Widerstand ist dadurch auch eine Funktion der Aufstellungsweite und enthält eine tiefenabhängige Aussage über das elektrische Verhalten der Gesteine im Untergrund. Zur feldmethodischen Realisierung solcher Vertikalsondierungen -auch Tiefensondierungen oder nur Sondierungen genannt- kommen die Verfahren nach Schlumberger oder nach Wenner in Anwendung. Beim Schlumberger-Verfahren bleibt der Abstand a zwischen den Sonden M und N konstant, während die Abstände L zwischen den Elektroden A und B schrittweise vergrößert werden. Dagegen sind beim Verfahren nach Wenner die Abstände AM, MN und NB für jede Einzelmessung untereinander gleich. Der Sondierungseffekt entsteht durch gleichmäßiges Spreizen der gesamten Anordnung. Meßorganisatorisch ist das Schlumberger-Verfahren günstiger, da bei der Durchführung der Sondierungen nur die äußeren Elektroden A und B bewegt werden müssen.

Beim Schlumberger-Verfahren beschränkt sich das abgetastete Potentialgefälle und damit der Bezugsraum des gemessenen Widerstandes auf eine schmale Zone unterhalb der Sonden M und N. Dieser Wirkungsbereich ist bei Wenner-Sondierungen breiter und nach der Tiefe von größerem Öffnungswinkel. Der enger begrenzte Aufschlußbereich bei Schlumberger-Sondierungen macht dieses Meßverfahren weniger anfällig gegen laterale Inhomogenitäten, die den Meßbefund überlagern. Allerdings stören dann oberflächennahe Einlagerungen oder Grenzflächen unmittelbar unterhalb des Sondenpaares empfindlicher als beim weiter auseinandergezogenen Potentialgefälle des Wenner-Verfahrens.

Der mittels geoelektrischer Sondierungen gewonnene Aufschluß über die Lagerungsverhältnisse unter dem Mittelpunkt der

Sondierungslinie repräsentiert ein größeres "Einzugsgebiet" als die dünne, zylinderförmige Säule eines Bohrloches. Jede geoelektrische Sondierungskurve ist trotz linearer Meßanordnung das Ergebnis eines räumlichen Integraleffektes, wobei sich die Grenzen des Integralbereiches mit jedem Spreizschritt nach allen Seiten ändern und nach unten unbegrenzt offen sind. Zwar verliert sich der Einfluß des Wirkungsbereiches mit zunehmender Tiefe aufgrund der rasch abnehmenden Stromdichte, aber eine Sondierungskurve kennt keine "Endteufe" wie eine Bohrung.

Das elektrische Feld zwischen zwei punktförmigen Elektroden klingt in der Tiefe des Halbraumes nach einer komplizierten mathematischen Funktion ab. Diese Funktion ist außer von Stromstärke und Aufstellungsweite auch von der Gesamtheit aller erfaßten wahren spezifischen Widerstände abhängig und damit von Meßpunkt zu Meßpunkt immer wieder unterschiedlich. Daher sind quantitative Angaben von sogenannten Eindringtiefen oder Wirkungstiefen geoelektrischer Sondierungen im strengen Sinne nicht berechtigt, zumal derartige Zahlenwerte wegen ihrer scheinbaren Analogie zu Bohrtiefen oft genug zu Fehlschlüssen, nämlich falschen Zuordnungen und zu geringen Aufstellungsweiten führen. Als Faustregel darf gelten, daß bis zu einer Tiefe, die der Aufstellungsweite $L/2$ (Schlumberger) oder a (Wenner) entspricht, der Untergrund nur von maximal 75% des gesamten Stromangebots durchflossen wird und somit dessen Eigenschaften sehr unvollständig widergespiegelt werden. Die Aufstellungsweite $L/2$ oder a sollte deshalb etwa 3-5 mal so groß sein wie der Tiefenbereich, dessen Erkundung man sich zur Aufgabe gestellt hat.

Die Durchführung von geoelektrischen Widerstandsmessungen im Gelände setzt keine Spezialkenntnisse voraus und erfordert im Vergleich zu anderen geophysikalischen und geologischen Erkundungsarbeiten nur geringen technischen Aufwand. Als Meßgeräte sind am einfachsten die auch bei Blitzschutzprüfungen verwendeten Erdungsmesser zu handhaben. Bei ihnen kann über eine Kompensationsschaltung direkt der Ohmsche Widerstand R als Quotient von Spannung und Strom abgelesen werden. Erdungsmesser arbeiten gewöhnlich mit Frequenzen zwischen 50 und 100 Hz, werden durch Batterie oder Kurbelinduktor betrieben, haben eine Leistungsabgabe von einigen Watt und Massen von wenigen Kilogramm. Sie sind vorwiegend für Aufstellungsweiten unter 50 m geeignet. Einadrige Kabel verbinden die Meßgeräte mit einfachen Stahlspießen, die die Funktion der Elektroden und Sonden übernehmen. Das Personal sollte aus einer Gruppe von 3-4 Personen bestehen. Als Meßleistung können - normale Geländebedingungen vorausgesetzt - pro Stunde mehrere Dutzend Profilierungspunkte oder 3-4 Sondierungen mit Aufstellungsweiten bis 100 m geschafft werden.

Leistungsfähige, durch Verbrennungsmotoren getriebene Generatoren (1 bis 25 kW Leistung, 0.1 bis 10 A Stromstärke, 250 bis 2500 V Spannung) erlauben die Auslage von Sondierungen bis in den Kilometerbereich. Die stromführenden Kabel sind niederohmig zu halten und müssen gut isoliert sein. Speisestrom und Meßspannung werden bei Großsondierungen separat gemessen. Mehrspurige digitale Meßgeräte mit eingebauten Mikroprozessoren erreichen Genauigkeiten von 1 µV bei Spannungs- und 0.01% bei Widerstandsmessungen. Geoelektrische Tiefensondierungen extrem großer Auslagen sind verschiedentlich mit Hochspannungsleitungen als Verbindungskabel durchgeführt worden. 1967 erreichten Blohm und Homilius an der 400 kV-Fernleitung Basel-Karlsruhe Aufstellungsweiten von AB= 150 km; 1975 an der Leitung Carbora Bassa (Sambia) - Pretoria (Republik Südafrika) gar AB = 1250 km.

In Ergänzung zu den 4-Punkt-Widerstandsverfahren soll noch auf eine Meßmethode hingewiesen werden, die den Polarisationseffekt von Gleichstromimpulsen ausnutzt (Methode der Induzierten Polarisation; IP). Gleichströme von 0.1 s bis 120 s Dauer gelangen als Rechteckimpulse über zwei Elektroden A und B in den Boden. Dadurch kommt es im Untergrund zu Aufladungseffekten, die nach Abschaltung des Stromes wieder abklingen und über zwei Meßsonden M und N als Abklingspannung registrierbar sind. Die Ursachen der induzierten Polarisation liegen in elektrodynamischen Vorgängen im mikroskopischen Bereich. Nahe beieinanderliegende Schichten freier Elektronen im Metall oder im Gestein und eine diffuse Zone positiver Ionen im Elektrolyten an der Grenze zu den festen Teilchen bewirken eine relativ große Aufnahmefähigkeit für elektrische Ladungen. Die Kapazitäten erreichen je nach Gesteinsart 10 µF/cm , teilweise sogar einige 100µF/cm . Fließt durch das Gestein ein Gleichstrom, dann reagiert dieses so, als würde es aus unzähligen kleinen Kondensatoren bestehen, d.h. es lädt sich auf. Nach Abschalten des Stromes verbleibt eine materialspezifische Restspannung, die ähnlich einer Kondensatorentladung allmählich nachläßt. Die Größe und der zeitliche Verlauf dieser Abklingspannung (Transient-Spannung) sind gesteinsabhängig und geben Hinweise auf bestimmte Erzlagerstätten.

Niederfrequenzverfahren

In der Geoelektrik erstreckt sich der Niederfrequenzbereich von etwa 100 Hz bis 30.000 Hz. Man spricht von elektromagnetischen Induktionsverfahren oder einfach von Elektromagnetik. Ihnen liegt das schon seit über 100 Jahren bekannte Induktionsprinzip zugrunde. Jeder elektrische Strom erzeugt in seiner Umgebung

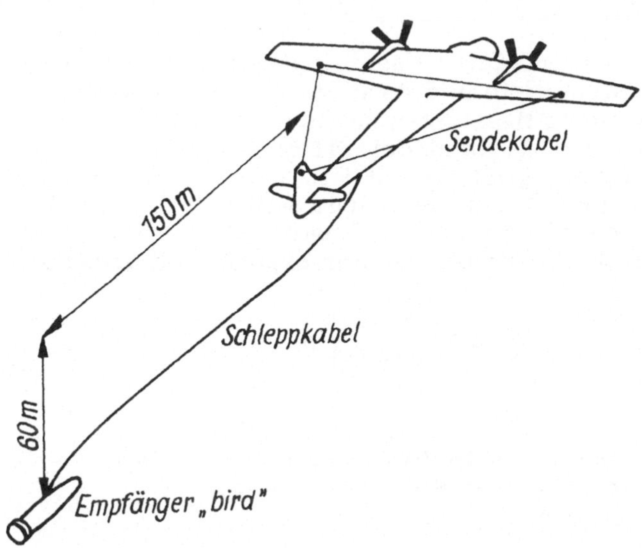

Abb. 24 Elektromagnetische Messungen aus der Luft [12]

ein Magnetfeld. Im Fall von Gleichstrom ist das Magnetfeld konstant. Wird es von einem Wechselstrom hervorgerufen, dann ändert es sich mit der Frequenz des erregenden Stromes. Dieses Magnetfeld heißt Primärfeld. Bringt man in dieses Wechselfeld einen elektrischen Leiter, dann entsteht in ihm durch Induktion wiederum ein Strom. Auch dieser besitzt ein Magnetfeld (Sekundärfeld).

Spulen oder Kabel über dem Erdboden erzeugen das niederfrequente Primärfeld im Untergrund. Auf den Wegen des geringsten Widerstandes, also denen der besten Leitfähigkeit, fließen im Boden Induktionsströme. Sie sind mit einem sekundären Magnetfeld gekoppelt, das wiederum über dem Erdboden mit Spulen oder Antennen empfangen werden kann.

Für praktische Arbeiten ist es außerordentlich bedeutsam, daß mit den Induktionsverfahren eine berührungslose Ankopplung sowohl des einzuspeisenden Quellenfeldes als auch des abzugreifenden Meßfeldes über hochohmigem Untergrund realisiert werden kann (Abb. 24). Elektromagnetische Messungen über Fels, in der Wüste, auf Eis oder Salz, über Beton und aus der Luft sind dadurch möglich.

Bei Verwendung von niederfrequentem Wechselstrom muß das Problem der Eindringtiefe und damit die Frage des Aussagebereiches der jeweiligen Messungen neu überdacht werden. Zu der vor allem durch den Abstand der Stromelektroden bedingten geometrischen Eindringtiefe kommt jetzt eine frequenzbedingte elektromagnetische Eindringtiefe. Jede senkrecht in den Boden eindringende niederfrequente elektromagnetische ebene Welle wird infolge von Wirbelstromverlusten exponentiell gedämpft.

$$z(m) = 500 \cdot \sqrt{\frac{\rho}{f}}$$

mit z(m) - Eindringtiefe (Dämpfung auf 40%) in m,
ρ - spezifischer Widerstand in Ωm,
f - Frequenz in Hz.

Je höher der Widerstand und je geringer die Frequenz, umso größer ist die Eindringtiefe. Hochohmige Bedeckungen, Wüstensand oder Eis, die kaum Gleichstrom hindurchlassen, sind für elektromagnetische Wellen gerade besonders aufnahmefähig.

Die Frequenzabhängigkeit der elektromagnetischen Eindringtiefe eröffnet die günstige Gelegenheit, größere Wirkungstiefen nicht durch Auseinanderrücken der Speiseelektroden, sondern allein durch Frequenzänderungen zu erreichen. Solche Frequenzsondierungen bieten den Vorteil, daß damit die Tiefenreichweite bei feststehender Elektroden-/Sonden-Anordnung einzig durch

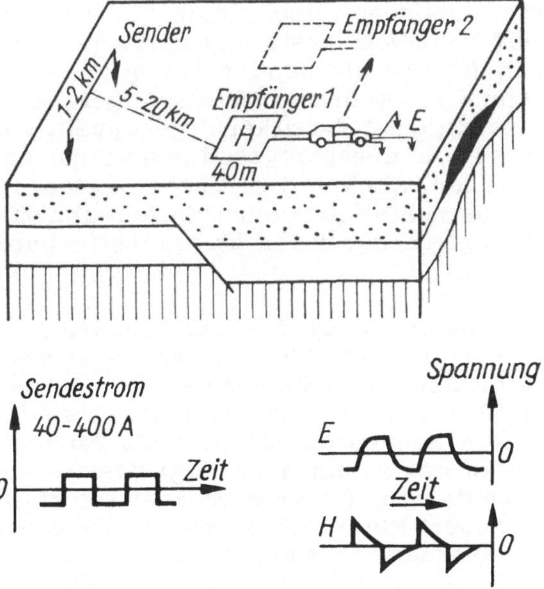

Abb. 25 Elektromagnetische Messungen auf große Entfernung
E – elektrische Feldstärke, H – magnetische Feldstärke [13]

elektrisch leicht zu manipulierende Frequenzänderungen variiert werden kann.

Die Anregung erfolgt entweder galvanisch durch Stromeinleitung über Erder oder induktiv mittels Senderspulen. Der Empfang geschieht in der Regel nur induktiv über Empfangsspulen oder -antennen. Beim Turam-Verfahren (schwedisch tu ram: zwei Rahmen) wird ein Kabel an beiden Enden geerdet (elektrischer Dipol) und über einen Generator mit Frequenzen zwischen 100 Hz und 2000 Hz gespeist. Zwei etwa 10–50 m entfernte Empfangsspulen – früher waren diese auf Rahmen gewickelt, daher der Name Turam – nehmen das im Boden induzierte elektromagnetische Wechselfeld auf. Ein Wechselstromkompensator vergleicht die Intensitäten (Amplituden) und die Phasenverschiebung vom Primär- und Sekundärfeld. Die "Eindringtiefe" liegt bei etwa 50 m (Abb. 25). Stärkere Sendeleistungen ermöglichen größere Abstände der Empfängerspulen oder -schleifen und damit Tiefenaussagen bis in den Kilometerbereich.

Beim Slingram-Verfahren (schwedisch slinga: Schlinge, Windung) wird ein nichtgeerdeter magnetischer Dipol (Spule, Durchmesser im Dezimeterbereich, meist 1 - 10 Watt Leistung, batteriegespeist, 2000-4000 Hz) auf der Meßfläche als Sender bewegt und mit einem im konstanten Abstand von mehreren Metern mitgeführten Empfänger (meist als Stabspule mit Ferritkern) gekoppelt. Aus den Verhältnissen der sende- und empfangsseitigen Komponenten der Magnetfelder werden, ähnlich dem Turam-Verfahren, Angaben zur Leitfähigkeitsstruktur (Gesteinsgrenzen) abgeleitet. Die "Eindringtiefe" liegt etwa bei der halben Entfernung Sender-Empfänger.

Leistungsstarke Varianten des Slingram-Prinzips arbeiten nach dem Prinzip der Frequenzsondierung. Ein Benzinaggregat(mehrere kW Leistung) speist die Sendeschleife von mehreren Metern Durchmesser mit 1 bis 60 kHz Wechselstrom. Ein gekreuztes Spulensystem im Innern der Sendeschleife nimmt die Vertikal- und Horizontalkomponenten des sekundären Magnetfeldes auf und führt sie einem Computer zu. Dieser errechnet sofort am Meßpunkt für mehrere hundert Meter Vertikalprofile die wahre Tiefenlage der elektrisch wirksamen geologischen Schichten.

Extreme elektromagnetische Sendeleistungen müssen ausgestrahlt werden, um Dutzende Kilometer tief in die Erdkruste vorzudringen. Da die Leistungsgrenzen der von herkömmlichen Verbrennungsmotoren getriebenen Generatoren im Gelände kaum über den Kilowatt-Bereich ausdehnbar sind, wurden spezielle Plasmageneratoren entwickelt, die in Raketentriebwerken aus pulverförmigem Feststoff Plasmastrahlen (Heißgas) extrem hoher elektrischer Leitfähigkeit erzeugen. Das auf 2500 bis 2800° C erhitzte Plasma durchströmt mit 5000 km/h einen von starken Elektromagneten umschlossenen Kanal und induziert in deren Wicklungen extrem hohe Ströme (magnetohydrodynamisches Prinzip). Die Leistungen dieser Aggregate erreichen mehrere hundert MW bei Stromstärken bis 80.000 A. Der Strom wird in Impulsen von 1 bis 10 s in die Erde geschickt und breitet sich dort als Frequenzgemisch aus. Als Sendeschleifen dienen 160-t-Kabel und verschiedentlich sogar das eine Halbinsel umschließende Meer. Meerwasser ist ein guter Stromleiter, und man bekommt dadurch "Sendeschleifen" von 100 bis 200 km Durchmesser, wie beispielsweise rings um die Halbinsel Sredni im Norden Rußlands. Die verschiedenen Frequenzanteile induzieren Sekundärfelder, die selektiv durch Empfangsantennen registriert werden und in Abhängigkeit von der Frequenz einen Aufschluß zur Leitfähigkeitsverteilung bis in den Erdmantel unterhalb von 50 km Tiefe geben.

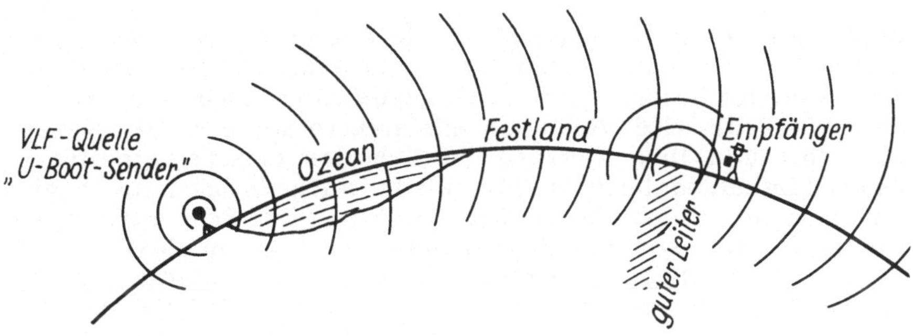

Abb. 26 Das elektromagnetische VLF-Verfahren (nicht maßstabsgerecht)

Mit wesentlich geringeren Kosten und im Meßprinzip auf die Entdeckung von Ernst Cloos zurückgehend arbeiten elektromagnetische Verfahren, die als Energiequellen zur Erzeugung des Primärfeldes Rundfunksender benutzen. Im Grunde genügt ein Kofferradio, dessen Empfangsschwankungen man beobachtet. Allerdings sollte man dies nicht allein mit dem Ohr tun, sondern zumindest ein empfindliches Galvanometer zur Messung der Empfangsstärke zuschalten. In der geoelektrischen Praxis hat sich die Benutzung von Längstwellensendern im VLF-Bereich (very low frequency: 10 - 30 kHz) als günstig erwiesen. In diesem Frequenzbereich gibt es ein weltweit verteiltes leistungsstarkes (300 - 1000 kW) Sendernetz zu U-Boot-Positionsbestimmung (Abb. 26). Das geoelektrische VLF-Verfahren verwendet empfindliche selektive Längstwellenempfänger, und die Empfangsstärke wird von der Bodenleitfähigkeit beeinflußt. Die wirksame "Eindringtiefe" erreicht mehrere Meter.

Ein weiteres, hinsichtlich der Energiequelle kostenfreies Verfahren ist die Magnetotellurik (lat. tellus: die Erde). Tellurische Ströme sind ein Teil des natürlichen elektromagnetischen Erdfeldes. In der Ionosphäre und Magnetosphäre entstehen in Abhängigkeit von der 27tägigen Rotation der Sonne ebene elektromagnetische Wellen, die als Pulsationen zwischen 10 Sekunden und 10 Minuten Dauer senkrecht zur Erdoberfläche ins Erdinnere eindringen. Sie induzieren in der Erde Sekundärfelder, deren elektrische und magnetische Feldkomponenten in Abhängigkeit von der Frequenz durch Basis- und Wanderstationen ausgemessen werden. Ihre Änderungen geben Aufschluß über die Leitfähigkeitsverteilung in der Erdkruste und im Erdmantel.

Elektromagnetische Primärfelder aus der Luft in den Erdboden zu übertragen, das ist auch das Grundprinzip der Aeroelektromagnetik, der Geoelektrik vom Flugzeug oder vom Hubschrauber aus. Die Erde wird von oben mit elektromagnetischen Wellen bestrahlt und ihre Antwort, nämlich das elektromagnetische Sekundärfeld, sogleich im Fluge wieder aufgenommen. Man registriert nicht Echos, die von Reflektoren in der Erde zurückgeworfen werden, sondern die Wirkung der in guten elektrischen Leitern (bis etwa 200 m Tiefe) induzierten sekundären Wirbelströme. Die verwendeten Frequenzen von etwa 200 bis 8000 Hz erlauben im Gegensatz zu den langperiodischen tellurischen Strömen einen direkten Empfang aus der Luft. Die Vorteile der Aeroelektromagnetik liegen auf der Hand: rascher Meßfortschritt, schnelle Übersichtsmessungen auch in unwegsamem Gelände wie Sümpfen, Urwald, Eis- und Schneewüsten.

Beim Abfliegen der Meßgebiete, meist im regelmäßigen Parallelraster, ist auf präzise Navigation zu achten. Mit Fluggeschwindigkeiten von mehreren hundert Kilometern pro Stunde führen ungenaue Positionsbestimmungen schnell zu fehlerhaften geophysikalischen Karten.

Die aeroelektromagnetischen Sende- und Empfangseinrichtungen werden von den Flugzeugen oder Hubschraubern entweder als Spulen in Schleppkörpern nachgeführt oder sind als Kabel fest verspannt, sowohl quer zur Flugrichtung zwischen den Tragflächen als auch längs vom Bug zum Heck. Die Spulen hängen an 20 bis 30 Meter langen Stahltrossen und arbeiten multifrequent im Kilohertzbereich. Gemessen wird nach dem Slingram- Prinzip möglichst sowohl in Horizontal- als auch in Vertikalkomponente. Zusatzspulen in der Umgebung der Empfänger kompensieren den Sendereinfluß.

Fest installierte Drahtwicklungen am Flugzeug fangen ein stärkeres Instrumentenrauschen ein, erlauben aber geringe Flughöhen, mit nur wenigen Metern über dem Grund. Verschiedentlich wird auch eine Boden (Sender) - Luft (Empfänger) - Kombination verwendet. Ein Hubschrauber legt die Primärquelle als Kabelschleife von mehreren Kilometer Durchmesser aus, der Bodentrupp schließt einen Generator an, und der Hubschrauber fliegt anschließend das Meßgebiet mit einer Schleppsonde ab. Diese Boden-Luft-Variante ist teurer als eine reine Luft-Messung, bringt allerdings eine wesentlich bessere Tiefenauflösung mit sich und kommt daher vorzugsweise bei Spezialmessungen zum Einsatz.

Hochfrequenzverfahren

Der Traum eines jeden Geophysikers ist es, die Erde wie mit Röntgenstrahlen zu durchleuchten und hochauflösende, aussagekräftige Bilder zu bekommen. Das scheitert prinzipiell an der geringen Eindringtiefe der kurzwelligen Strahlung, sei es nun die Röntgenstrahlung oder das sichtbare Licht. Man muß mit den Frequenzen bis in den Megahertz-Bereich heruntergehen (das entspricht in Luft den Radiowellen im Meterbereich), um Gesteine von nur wenigen Dutzend Metern durchstrahlen zu können. Und dies ist auch nur bei extrem hochohmigen Gesteinen möglich, da bei Frequenzen über 1 MHz die Verschiebungsströme gegenüber den Leitungsströmen nicht mehr vernachlässigt werden können und die Eindringtiefe elektromagnetischer Verfahren stark abnimmt. Geoelektrische Radiowellendurchstrahlungen (1 bis 40 MHz) kommen daher vorzugsweise in Kali- und Salzbergwerken zum Einsatz.

Gutleitende Einlagerungen im hochohmigen Gestein (spezifische Widerstände über 10.000 Ωm) wirken als kräftige Reflektoren und dämpfen gleichzeitig die durchlaufenden Wellen. Man spricht von Radiowellenreflexions-, Radiowellenschatten- oder Hochfrequenzabsorptions-Verfahren. Die Sender und Empfänger sind sowohl als flächenhafte Rahmen- als auch in Form von langgestreckten Bohrloch-Antennen im Einsatz. Die empfangsseitigen Mikrovoltmeter sollten wegen der geringen Meßeffekte auch noch unterhalb 0.1 µV zuverlässig arbeiten. Störend wirken in untertägigen Grubenbauen elektrische Leitungen, Rohre, Schienen. Die erreichbaren Entfernungen betragen in Karbonatgesteinen etwa 200 m und in Salzgesteinen über 500 m.

Im elektromagnetischen Spektrum liegen oberhalb der Radiowellen die Mikrowellen mit Wellenlängen im Dezimeter-/ Zentimeterbereich und Frequenzen im Mega-/Gigahertz-Bereich (VHF,UHF). Sie werden an guten Leitern, wie Metallteilen, kräftig reflektiert (Abb. 27). Während des 2.Weltkrieges rückten sie unter der Bezeichnung Radar ins Licht der Öffentlichkeit, als mit ihrer

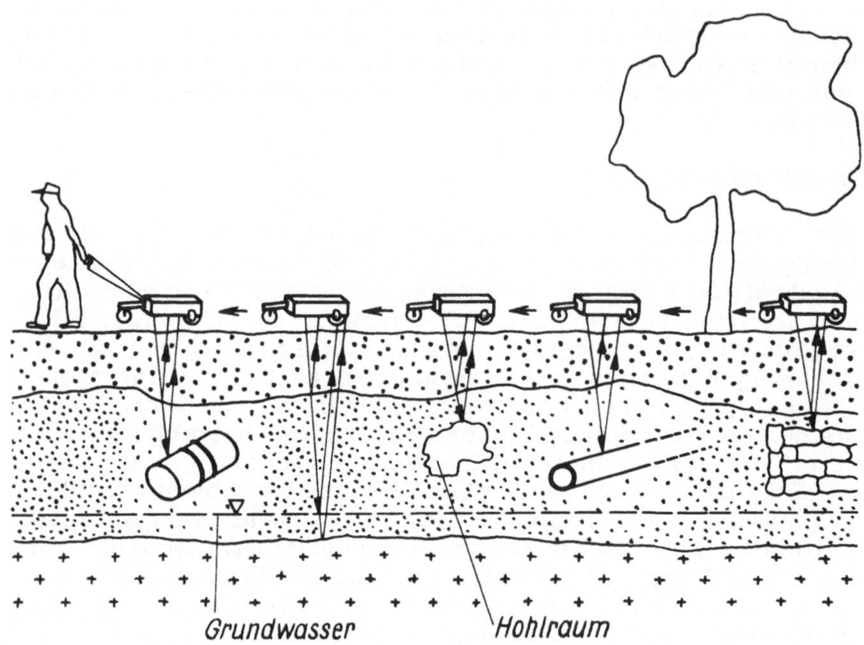

Abb. 27 Elektromagnetisches Reflexionsverfahren (Georadar) [18]

Hilfe die Ortung von Flugzeugen auf große Entfernung selbst bei Nacht und bei Nebel gelang.

Feste Körper dämpfen eindringende Radarwellen sehr stark. Die elektromagnetische Eindringtiefe verringert sich bei abnehmendem elektrischem Widerstand, und die Reflektivität an Schichtgrenzen hängt vor allem sehr stark von den Kontrasten der jeweiligen Dielektrizitätszahlen ab ("elektromagnetischer Spiegel"). Hohe Bodenfeuchte bedeutet geringe Eindringtiefe und somit geringe Reichweite. Eine Mikrowelle von 100 MHz, die in Luft fast nicht abgeschwächt wird, ist nach 100 m Laufweg in Süßwasser auf 1% ihrer Ausgangsintensität gedämpft, in Meerwasser bereits nach 6 cm. Im trockenen Boden erfolgt die Abschwächung auf 1% nach etwa 50 m, im feuchten Milieu ist diese Dämpfung bereits nach 5 m erreicht. Im trockenen Felsgestein kommt es zu wesentlich größeren Reichweiten. Eisdicken von mehreren Kilometern lassen sich problemlos durchstrahlen. Die Dicke des gesamten antarktischen Eispanzers wurde durch Radarbefliegungen mit hoher Genauigkeit kartiert.

Radarerkundung des Bodens aus der Luft ist ein sehr zeitsparendes Verfahren. Wenn die Antennen schwenkbar gelagert sind, können sie in sehr kurzer Zeit sehr große Flächen überstreichen. Bei diesem Seitensichtradar (SLAR: sidelooking airborne radar) treten geometrische Verzerrungen der Bilder auf, da von den Empfängern die Laufzeiten der Schrägentfernungen aufgezeichnet werden. Nach entsprechenden Korrekturen gelingen Bodenauflösungen unter 30 m x 30 m.

Radarsondierungen von der Erdoberfläche, auch Georadar, Gesteinsradar oder Untergrundradar genannt, nutzen das Echoprinzip durch Laufzeitmessung reflektierter Sendeimpulse. Man spricht daher auch von elektromagnetischer Reflexion (EMR-Verfahren). Eine zwischen 80 MHz und 4000 MHz mit Leistungen bis zu 1kW im Wiederholungstakt von meist 50 kHz arbeitende Sendeantenne wird im Schrittempo über die Meßfläche bewegt. Die im gleichen Gehäuse installierte Empfangsantenne nimmt die reflektierten Signale auf. Ein Kleinrechner verarbeitet die Daten im On-line-Betrieb und liefert als Aufzeichnung ein elektromagnetisches Reflektogramm, das Radar- oder Radogramm.

Ob Erze, Wasser oder Baugrund

Überall dort, wo im Boden elektrische Leitfähigkeitsunterschiede existieren oder wo elektrochemische Vorgänge Eigenelektrizität erzeugen, kann die Geoelektrik schnell und billig bei der Suche und Erkundung helfen. Klassisches Einsatzgebiet sind die Erzlagerstätten. Elektrisch hochwirksame Erze wie Bleiglanz, Kupferkies oder Schwefelkies füllen oft Spalten und Brüche im Festgestein, durchsetzen als eng begrenzte Gänge den Fels. Der Bergmann hat dann seine liebe Not, die feinen Verästelungen eines Erzganges zu finden. Auch das Abbohren von Erzlagerstätten ist ein mühsames Geschäft, nur aus sehr vielen und dabei teuren "Nadelstichen" entsteht ein zusammenhängendes Bild.

Beispiele geoelektrischer *Erzerkundung* sind in großer Zahl aus Schweden bekannt geworden (Kristineberg, Kiruna, Gällivara), aber auch aus allen europäischen Mittelgebirgen (wie Erzgebirge, Harz, Eifel, Taunus). Insbesondere die sulfidischen (ge-

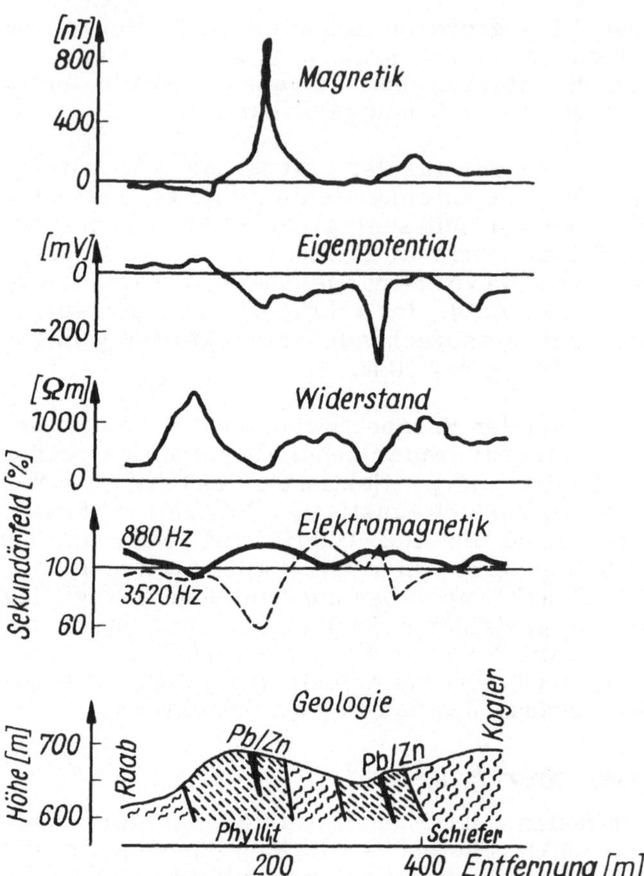

Abb. 28 Geoelektrische Messungen über Blei-Zink-Vererzungen [11]

schwefelten) Erze bieten gute Chancen für Eigenpotentialmessungen und niederfrequente Elektromagnetik. Es gibt kaum ein geoelektrisches Verfahren, das nicht für die Erzerkundung mit Erfolg einsetzbar wäre (Abb. 28). Die Geoelektrik hilft sowohl neue Erzgänge zu suchen als auch bereits angebohrte oder angegrabene Lager, deren genauer Verlauf unter Deckschichten verborgen liegt, ins Unbekannte zu verfolgen.

Elektromagnetische Prospektion aus der Luft führte zur Entdekkung von Riesenlagerstätten in den unwegsamen Gebieten Kana-

das, Zentralafrikas und Südamerikas. Unlängst wurde die Kupfer-Nickel-Lagerstätte von Malcolm (Ontario/Kanada) mit 5 Mio t Erz (1,4% Cu, 0,7% Ni) entdeckt und geoelektrisch erkundet. Weitere Überraschungen in Gestalt neuer Funde sind zu erwarten.
Im *Braunkohlenbergbau*, speziell auch in den Tagebauen des Rheinlandes, Südost-Brandenburgs und Sachsens, bieten sich für geoelektrische Arbeiten vielfältige Einsatzmöglichkeiten. Weniger die Lagerungsformen und die Mächtigkeiten der Braunkohleflöze selbst als vielmehr die Erkundung der zahlreichen für den Bergmann so kompliziert zu bewältigenden Lagerungsstörungen werden im geoelektrischen Bild durchschaubarer. Vor allem Widerstandsmessungen (Kartierungen und Sondierungen) geben Aufschluß über Kohleaufwölbungen, rutschgefährdete Bändertone oder wassergefüllte Sandlinsen im Geschiebemergel. Kontraste zwischen bindigem und rolligem Gestein, also Ton, Geschiebemergel, Kohle auf der einen und Sand, Kies auf der anderen Seite der Widerstandsskala, erzeugen deutliche geoelektrische Indikationen. Im Vorfeld von Braunkohlentagebauen sind geoelektrische Widerstandsmessungen in Bohrlöchern für die Gliederung des Schichtenprofils und für Aussagen zur Kohlequalität unentbehrliche Hilfsmittel (Abb. 29).

Steinkohle und besonders *Graphit* fallen durch ihr hohes Eigenpotential auf. So wurden beispielsweise im Steinkohlenbergbau der USA Hohlräume und tektonische Störungen erfolgreich mit Radar geortet.

Erdöl und natürlich auch *Erdgas* sind sehr schlechte elektrische Leiter, so daß sich ihre Lagerstätten als Widerstandshochs in den Karten herausheben. Allerdings verwechselt man sie leicht mit Salzaufpressungen. Oft liegen sie so tief, daß man sie nur mit Hilfe von magnetotellurischen oder von leistungsstarken Niederfrequenz-Sondierungen erreicht. Ein Direktnachweis gelingt selten, aber Aussagen zum allgemeinen geologischen Strukturbau in Erdölrevieren sind oft sehr hilfreich.

Steinsalz und Kali als extrem hochohmige Gesteine eignen sich für den untertägigen Einsatz von Radiowellen und Radar. Gefragt sind meist Mächtigkeitsbestimmungen an Flözen und deren Abgrenzung gegen Anhydrit oder Basalt.

Wasser, der wichtigste Rohstoff für die Menschheit, bietet vielfältige Ansatzpunkte für geoelektrisches Arbeiten. Grundwas-

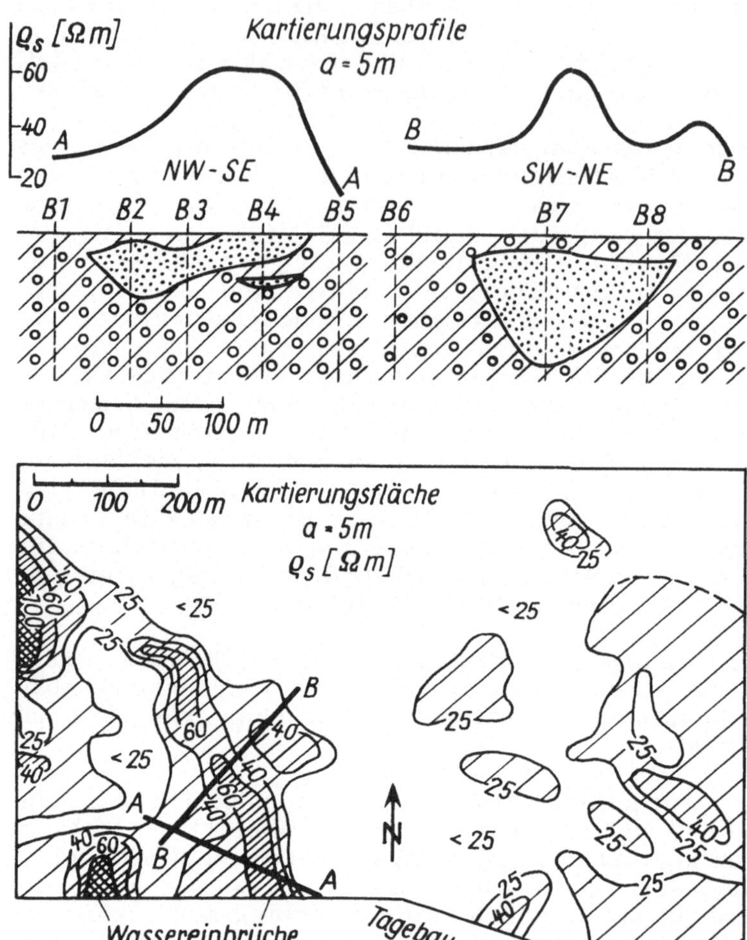

Abb. 29 Geoelektrische Widerstandskartierungen von Schmelzwassersanden im Vorfeld eines Braunkohlentagebaues

serleiter, vor allem, wenn sie nach oben nicht randvoll gefüllt sind, leiten den Strom schlechter als Grundwasserstauer, bei denen es sich meist um Tone handelt. Grundwasserführende Sande und Kiese können oft bis in über 100 m Tiefe nachgewiesen werden, zum Teil in mehreren Stockwerken. Tiefenlage, Mächtigkeit und Durchflußquerschnitte interessieren den Hy-

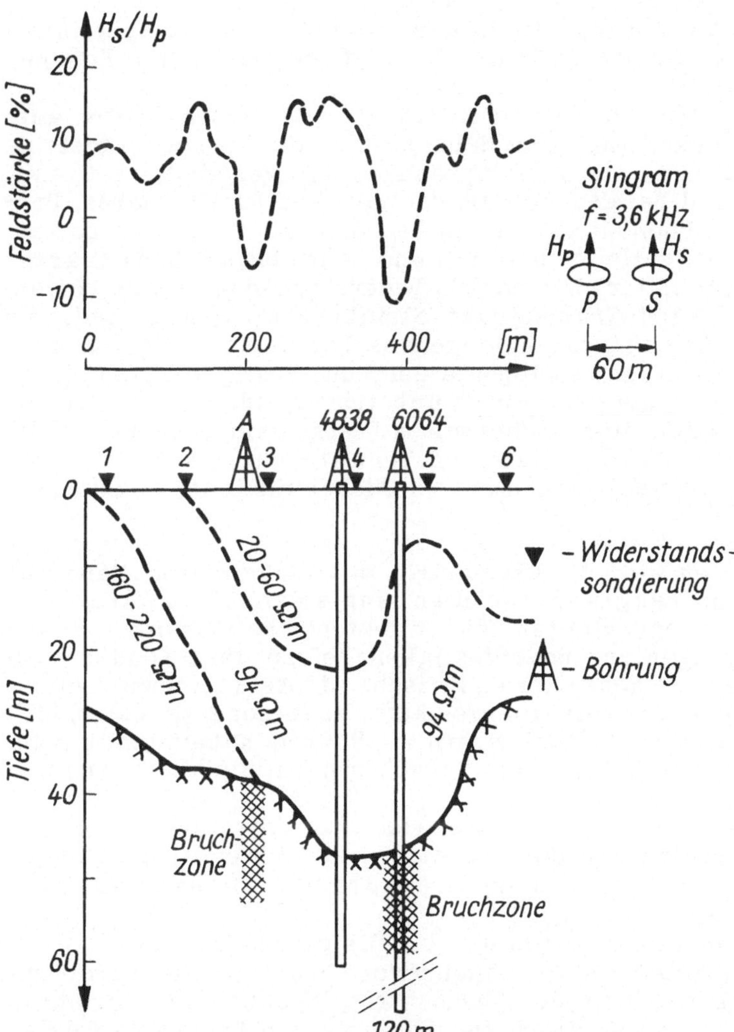

Abb. 30 Widerstandselektrik und Elektromagnetik zur Wassersuche in Botswana [15]

drologen. Auch die Abgrenzung von Süßwasser gegen Salzwasser läßt sich im Widerstandsbild erkennen. Neuerdings wird der Geoelektriker auch für die Erkennung von Grundwasserverunreinigungen in der Nähe von Deponien und Altlasten gebraucht.

Im Festgestein bringt die niederfrequente Elektromagnetik bei der Suche nach wasserführenden Klüften und Spalten Erfolge.

Baustoffe, Werksteine und *Zuschlagstoffe* weisen häufig gute Widerstandskontraste zum Nebengestein auf. Die Lockergesteine Sand und Kies, die Zersatzprodukte der Festgesteine Granit, Porphyr und Basalt sowie die Hartgesteine Basalt, Diabas, Porphyrit und Phonolit bilden den hochohmigen Gegenpart zu niederohmigem (gutleitendem) Ton und Lehm. Die seitliche Abgrenzung dieser Materialien mittels Widerstandselektrik im Vorfeld von Kies-/Sand-Gruben oder Steinbrüchen gelingt gut, die Mächtigkeits- und damit Mengenabschätzung ist möglich. Aussagen zu Stoffkennwerten wie Reinheit, Festigkeit oder Korngrößen sind gegenwärtig noch unbefriedigend. Gute elektrische Leitfähigkeiten über hochohmigem Festgestein stellen oft Indizien für tektonische Klüfte und Verwitterungstaschen dar, die nutzbare Rohstoffvorkommen, wie Nickelerze oder Bauxit, enthalten.

Im *Bauwesen* wird die Geoelektrik in zunehmendem Maße zur Lösung von Baugrundproblemen eingesetzt. Gleichstrom- und Niederfrequenzverfahren können tektonische Störungen finden sowie Aussagen zur Bodenfestigkeit liefern, insbesondere von Festgestein. Je höher der elektrische Widerstand, umso stabiler der Baugrund. Hochfrequenzelektrik, insbesondere Radar, hilft bei der Suche nach Störkörpern wie Rohren, Kabeln, Leitungen, Fremdkörpern, Hohlräumen, Schachtröhren, Stollen, Tunneln.

Eigenpotentialverfahren reagieren auf Filtrationselektrizität infolge Wasserdurchfluß und dienen zur Unterläufigkeitskontrolle bei der Überwachung von Erdbauten (Staumauern, Dämmen, Deiche).
Im *Bergbau* stehen neben den bereits erwähnten Arbeiten zur Suche von Erzen und Braunkohle vor allem Sicherheitsprobleme im Aufgabenkatalog der Geoelektrik. Hochfrequenzverfahren erlauben untertage die Früherkennung von bruchgefährdeten Gesteinsbereichen, z.B. in Stützpfeilern, sowie die Ortung von Gas-, Wasser- und Laugennestern im Salzgestein. Im Bereich von Tagebauen helfen Widerstandsmessungen mit Gleichstrom oder niederfrequentem Wechselstrom bei der Abschätzung der Rutschgefährdung an Böschungen, der Standsicherheit von Kippen und Halden und der Tragfähigkeit von Transporttrassen für Tagebaugroßgeräte (Bagger, Absetzer).

Künstliche Erdbeben - die Seismik

Schallwellen in der Erde

Die Schrecken der Erdbeben rings um das Mittelmeer und in Kleinasien waren den dort lebenden Menschen seit alters her bekannt. Die Ursachen der Erdbeben und auch die Ausbreitung der aus ihnen gewaltsam hervorbrechenden Energie blieben aber bis in die Neuzeit Gegenstand von phantasiereichen Spekulationen.

Im Jahre 1761 erkannte der Engländer John Michell, daß sich Bebenerschütterungen als elastische Vibrationen im Erdboden fortbewegen. Der französische Physiker und Chemiker Louis Joseph Gay-Lussac(1778-1850) verglich 1823 erstmals die Energieausbreitung rings um einen Erdbebenherd mit der Ausbreitung von Schallwellen in der Luft. Erste Vermutungen über die Reflexion von Erdbebenwellen wurden geäußert, aber bis zur Nutzung solcher Echos für die Erforschung der Struktur der Erdkruste oder gar zur Suche nach Bodenschätzen war es noch ein weiter Weg.

Um nicht von den Zufälligkeiten eines Erdbebens hinsichtlich Zeitpunkt, Ort und Stärke abhängig zu sein, mußte man die mechanischen Wellen künstlich unter den gewünschten Bedingungen anregen. Bei Verwendung von Sprengstoff war das kein Problem. Die Ortung reflektierender Gesteine im Untergrund gelingt aber nur mit Kenntnis der Wellengeschwindigkeit. Die Geschwindigkeit des Lichtes und auch die des Schalles in Luft waren schon im 17.Jahrhundert gut bekannt. Alle Versuche zur genauen Messung der Geschwindigkeit von Erdbebenwellen im Boden hatten aber lange Zeit nicht zum richtigen Ergebnis geführt.

Im Jahre 1846 begann der irische Ingenieur Robert Mallet (1810-1881) - unterstützt durch den Physiker Wheatstone - mit Experimenten zur Laufzeitmessung von Explosionswellen, die nach der Zündung von mehreren Tonnen Schwarzpulver im Umkreis von einigen Kilometern im granitischen Gestein beobachtet wurden. Allerdings wissen wir heute, daß die von Mallet aus Laufzeit und Entfernung errechneten Werte von etwa 1000 m/s um ein Vielfaches zu klein waren. Mallet und Wheatstone hatten nur schwingende Pendel als Erschütterungsanzeiger ohne Registrierung (Seismoskope) zur Verfügung und damit lediglich die energiereichen Oberflächenwellen erkannt, aber nicht die schwächeren, durch den tieferen Untergrund gelaufenen Raumwellen.

Die ersten arbeitsfähigen Bebenschreiber (Seismographen) konstruierte um 1880 der Amerikaner James Alfred Ewing (1855-1935). Die Aufzeichnung der Bodenbewegung geschah über einen kippbaren mechanischen Hebel auf eine rotierende Kreisscheibe. Einen wesentlichen Fortschritt bei der Erkennung von schwachen Bebenerschütterungen erreichte um 1900 der deutsche Geophysiker Emil Wiechert (1861-1928), der Seismographen mit großen Pendelmassen, kurzen Zeigerarmen und vergrößernden Hebelsystemen schuf, die die Bodenbewegung bis zum Vieltausendfachen verstärkten. Damit konnte Wiechert die Schritte eines Menschen noch aus mehr als hundert Meter Entfernung deutlich aufzeichnen. Sein Schüler Ludger Mintrop (1880-1956) registrierte im Jahre 1908 in Göttingen mit einem solchen Seismographen auch die vom Aufschlag einer 4000 kg schweren, aus 14 m Höhe frei fallenden Stahlkugel in 1392 m Entfernung angeregten schwachen kurzperiodischen Raumwellen. Diese laufen den energiestarken langperiodischen Oberflächenwellen voraus.

Mintrop selbst entwickelte aus den tonnenschweren Wiechert-Geräten leichte, transportable Seismographen für die fotografische Aufzeichnung der Vertikalkomponente der Bodenschwingungen. Damit war die Registrierung von künstlichen Erdbeben, von "Erdbeben nach Wunsch", überall im Gelände möglich geworden. Die Messung der Geschwindigkeit von seismischen Wellen, die an der Erdoberfläche von einem "Sender" (Explosion, Fallgewicht oder Schlag) zu einem Empfänger (Seismograph, auch Geophon genannt) laufen, erwies sich in zunehmendem Maße als wichtiges Hilfsmittel bei der Erkennung und physikalischen Beurteilung des geologischen Untergrundes. Schließlich kam Mintrop im August 1919 bei der Sichtung seines umfangreichen Materials die geniale Idee, daß ab einer bestimmten Entfernung vom Punkt der Energieanregung ein neuer, bis dahin unbekannter Wellentyp als erster ankommen könnte. Nicht Oberflächenwellen, nicht Raumwellen, sondern geführte Grenzschichtwellen sind dann zuerst am Ziel erkennbar.

Ähnlich den Kopfwellen an der Stirnseite eines mit überhöhter Geschwindigkeit (im Vergleich zur Wellenausbreitung) fliegenden Geschosses entsteht in der Erde an der Grenze zu einem Medium mit höherer Geschwindigkeit eine geführte Welle. Sie läuft mit dieser größeren Geschwindigkeit und strahlt einen Teil ihrer Energie wieder nach oben ab. Aus den gemessenen Laufzeiten lassen sich nicht nur die gesteinstypischen Geschwindigkeiten, sondern auch die Tiefen und die Neigungen der Grenzflächen ermitteln. Mintrop nannte die von ihm gefundene Wellenart "Grenzwelle" oder "elastische Kopfwelle". Nachdem jahrelang von den Geophysikern über die Existenz und die Wirkungsweise dieses Wellenphänomens gestritten wurde, erschien im Jahre 1934 die erste theoretische Begründung und Energieabschätzung der Grenzwellen durch den Physiker W.C. Salm. Die "elastische Kopfwelle" wird heute meist als Refraktionswelle oder zu Ehren ihres Entdeckers als Mintrop-Welle bezeichnet.

Mintrop hatte sein Verfahren bereits 1919 patentieren lassen (Deutsches Reichspatent 371.963 vom 7.12.1919: "Verfahren zur Ermittlung des Aufbaus von Gebirgsschichten in der Lagerstättenforschung"). Ihm gelangen erste Erfolge bei der seismischen Tiefenbestimmung geologischer Körper ohne Zuhilfenahme von Bohrungen, Schürfen oder Schächten (z.B. 1920 Basalt von Waldaubach/Westerwald in 8 m Tiefe, 1921 Buntsandsteinverwerfung im linksrheinischen Steinkohlengebiet in 230...300 m Tiefe).

1922 zog Mintrop mit einem Meßtrupp der von ihm gegründeten Firma Seismos nach Amerika. 1923 wurde durch die Erfolge der Refraktionsverfahren in den USA und Mexiko eine wahre Revolution bei der Suche von Ölfeldern an Salzdomen ausgelöst. Salzdome oder Salzstöcke sind mächtige Steinsalzkörper (mit mehreren Kilometern Durchmesser), die aus tieferen Erdschichten im Laufe von Jahrmillionen ballonförmig aufgepreßt worden sind. Häufig haben sie an ihren Rändern erdölführende Speichergesteine mit nach oben geschleppt.

Refraktionswellen entstehen nur bei schrägem Auftreffen der Strahlen auf die Grenzschicht und laufen dann seitlich weg. Deshalb können solche Wellen in der Nähe des Sprengpunktes nicht beobachtet werden. Dennoch kommt auch hierher Wellenenergie aus dem Untergrund zurück. Sie wird entlang von Strahlen transportiert und wie beim Echo von den Grenzflächen zurückgeworfen (Reflexion). Bereits 1914 hatte R. Fessenden nach diesem Verfahren mit einem Unterwasserschallsender Eisberge und Meeresuntiefen zu orten versucht und darauf auch ein US-Patent zur Lokalisierung geologischer Formationen erhalten. Auf Grund ihres Reflexionsvermögens lassen sich

Schichtgrenzen im Untergrund seismisch auf erdölhöffige Hochlagen abtasten.

Nach 1920 begannen in den USA unter J.C. Karcher die ersten Versuche mit Reflexionswellen zur Erdölprospektion, und die Verfechter der Reflexionsmethode nutzten konsequent die Möglichkeiten der damals im Aufstieg begriffenen Elektrotechnik. Schon 1904 war der russische Seismologe Fürst Boris Golizyn (1862-1916) auf die Idee gekommen, die Bodenbewegungen durch Anwendung des Induktionsprinzips in elektrische Impulse zu verwandeln. Damit kann man die seismischen Wellen aus beliebigen Richtungen mit hoher Empfindlichkeit elektrisch aufnehmen, dann die Reflexionssignale durch Kabel zu einer in der Nähe des Sprengpunktes befindlichen fahrbaren Meßkabine führen und die Impulse vor ihrer Registrierung auf Fotopapier elektrisch (analog) bearbeiten.

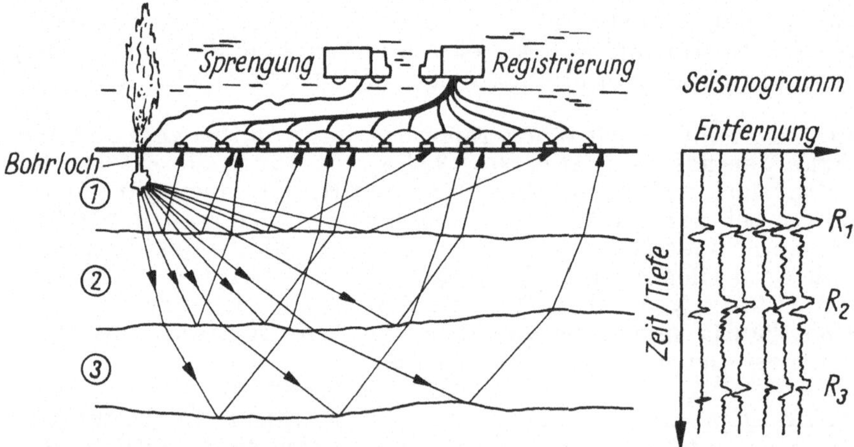

Abb. 31 Prinzip Reflexionsseismik

Die Aufzeichnungen der durch den Untergrund gelaufenen seismischen Wellen heißen Seismogramme. Sie zeigen den "konservierten Schall" in der Folge seines Eintreffens an den Geophonen (Abb. 31). Aus dem zeitlichen Nacheinander kann der Geophysiker auf das räumliche Untereinander der reflektierenden Schichten schließen. Meist enthält ein Seismogramm nebeneinander die Registrierungen benachbarter Geophone; man spricht von Einzelspuren, die ein mehrspuriges Seismogramm bilden.

Ende der 20er Jahre hatte die Reflexionsmethode nach Umfang und Aussagefähigkeit das Refraktionsverfahren überholt. Die rasche Entwicklung der Nachrichtentechnik ermöglichte weitere elektronische "Veredelungen" der seismischen Signale wie die Trennung von Nutz- und Störinformationen durch elektrische Frequenzfilter und die automatische Amplitudenregelung zur besseren Lesbarkeit der Seismogramme. 1953 wurden im Feld die ersten Apparaturen eingesetzt, die statt Fotopapier Magnetband als Registriermedium verwendeten. Damit konnte man die gemessenen Primärdaten beliebig oft reproduzieren und in Auswertezentralen elektronisch bearbeiten.

Nach fast 40 Jahren Domäne der Explosionsanregung kamen Mitte der 50er Jahre wieder in größerem Umfang sprengstofflose seismische Quellen in Gebrauch, die vorrangig nach dem Impuls- oder Vibrationsprinzip konzipiert waren. Damit erhielt etwa ab 1954 der Einsatz seismischer Verfahren auf See, aber auch in dichtbesiedelten Gebieten, einen großen Auftrieb.

Lange Zeit schien es, als würde die Entwicklung der digitalen Rechentechnik einen Bogen um die seismischen Verfahren machen. Zu umfangreich war das auf Magnetband abrufbereite Datenmaterial, um es in den Anfangsjahren der Computerära geschlossen rechnerintern und gleichzeitig ökonomisch vertretbar zu bearbeiten. Durch die Fortschritte der Elektronik, insbesondere durch die Entwicklung der Transistoren und der integrierten Schaltkeise, eröffneten sich um 1965 auch der angewandten Geophysik neue rechentechnische Perspektiven. Die Übertragung der aus der modernen Nachrichtentechnik, Kybernetik und Informationstheorie bekannten Signalbearbeitungsprozeduren war möglich geworden.

Zur gleichen Zeit entwickelte die geophysikalische Geräteindustrie hochempfindliche, gewichtsarme Seismometer und die dazugehörigen digitalen Bandregistrierapparaturen. Mit der Einführung der Digitaltechnik mußten auch ganz neuartige Forderungen an die Auswertung und die geologische Interpretation seismischen Meßmaterials gestellt werden. Hocheffektive Datenverarbeitung erlaubte etwa ab 1973 den Einsatz der flächenhaften seismischen Anregungs- und Beobachtungssysteme. Diese 3D-Seismik überdeckt das Untersuchungsgebiet mit einem Raster von "Schußpunkten" und Geophonlinien und liefert dreidimensionale Bilder des Untergrundes. Dieser Informationsgewinn muß durch einen erheblich höheren Meß- und Bearbeitungsaufwand erkauft werden.

Heute sind neben dem Begriff Seismologie für die Erforschung der Erdbeben die Begriffe Erkundungs- oder angewandte Seismik oder einfach nur Seismik für die Lagerstätten- und Bodenuntersuchungen mit künstlich erzeugten elastischen Wellen allgemein üblich. Nicht allein die historische Entwicklung der Seismik aus der Seismologie erlaubt für beide geowissenschaftlichen Teildisziplinen viele gemeinsame Betrachtungsweisen. Die Dimensionen der Energiefreisetzung und der räumlichen Durchdringung sind bei Erdbeben zweifellos größer, aber die Gesetze der Ausbreitung seismischer Wellen gelten für beide Disziplinen gleichermaßen.

Aufgrund ihrer hohen wirtschaftlichen Bedeutung sind die "künstlichen Erdbeben", die von den Seismikern täglich zu Tausenden ausgelöst werden, mehr als nur eine Randerscheinung in unserer Betrachtung der Erdbeben. Über den Erdball ziehen gegenwärtig zu Lande und zu Wasser Tausende seismische Meßtrupps mit Hunderttausenden von Beschäftigten. Rechnet man das Personal der Stammbetriebe und der seismischen Auswertezentralen hinzu, dann sind über eine Million Menschen direkt in der Seismik tätig. Zieht man außerdem die politische und ökonomische Bedeutung der Rohstoffe und Energieträger in Betracht, dann ist es gewiß nicht vermessen zu behaupten, daß die künstlichen Seismik-Erdbeben die Welt von heute nicht nur wesentlich entwickeln helfen, sondern auch mehr verändern als alle Naturerdbeben zusammen.

Mit und ohne Sprengstoff

Die elastischen Eigenschaften der Gesteine hängen von vielen Faktoren ab: Mineralbestand, Volumenanteil der einzelnen Minerale, räumliche Anordnung der Minerale, Bindungseigenschaften, Verfestigungsgrad, Porosität, Beschaffenheit des gasförmigen und flüssigen Poreninhaltes, Druck und Temperatur. Wichtigste seismische Kenngröße ist die Ausbreitungsgeschwindigkeit der seismischen Wellen. Die Dichte spielt nur eine untergeordnete Rolle; sie bestimmt im Produkt mit der Geschwindigkeit die Schallhärte, also die Reflektivität an Gesteinsgrenzen.

Häufigstes Mineral ist der beinahe allgegenwärtige Quarz. Folglich dominiert sein Anteil auch die Geschwindigkeit, insbesondere die der verschiedenen Festgesteine. Hoher Quarzanteil bedingt in der Regel niedrige Geschwindigkeit, und diese sinkt im allgemeinen auch mit der Abnahme der Gesteinsdichte und der Zunahme von Porenraum sowie Klüftung. Nimmt der Wassergehalt in den Poren eines Gesteins zugunsten von Luft oder anderen Gasen ab, dann geht auch die seismische Geschwindigkeit zurück. Gleiches gilt bei zunehmender Temperatur. Allerdings wird der Temperatureinfluß in größerer Erdtiefe durch den Geschwindigkeitsanstieg infolge Druckerhöhung wieder übertroffen. Mit wachsender Lagerungstiefe steigen zwar Geschwindigkeit und Schallhärte, aber nur noch selten vollziehen sich Änderungen dieser Parameter sprunghaft an Grenzflächen. Dadurch und wegen des mit der Entfernung wachsenden Dämpfungseinflusses fällt es der Seismik schwer, aus der tieferen Erdkruste auswertbare Reflexionen zu bekommen. Ursache ist der nach unten allmählich größer werdende Temperatur- und Druckeinfluß, der Sprünge in den Materialeigenschaften glättet.

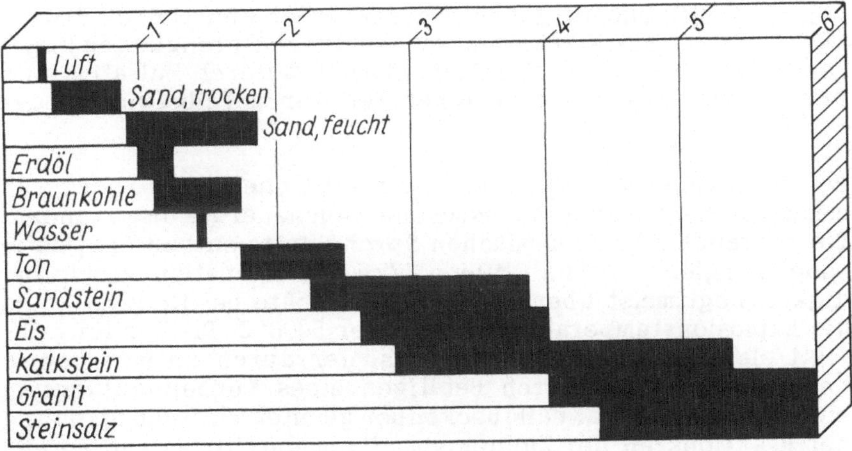

Abb. 32 Geschwindigkeiten seismischer Wellen (in km·s^{-1})

Bei Sedimentgesteinen sind die elastischen Parameter neben der stofflichen Zusammensetzung besonders von der Art des Korngerüstes, der Porosität, der Porenfüllung, der Zementation, dem Umgebungsdruck und damit indirekt von Tiefenlage und Alter abhängig. So bewirken vor allem Gaseinschlüsse in porösen Gesteinen teilweise erhebliche Änderungen der Schallhärte. Bei höherem Kalkgehalt in tonig-mergeligen Schichtfolgen steigt die Geschwindigkeit (Abb. 32). Dadurch stellen die in Sedimentbekken oft über große Flächen ausgebreiteten unterirdischen Kalksteinbänke ausgezeichnete reflexionsseismische Leithorizonte dar. Ähnliches gilt für die in Norddeutschland weit verbreiteten Ablagerungen des Anhydrits aus der erdgeschichtlichen Formation des Zechsteins.

Ohne Kenntnis der seismischen Geschwindigkeiten ist keine Umrechnung der an den Geophonen gemessenen Laufzeiten in Reflektorentfernungen möglich. Ebenso muß der Zeitpunkt der Energieanregung für die Laufzeitmessung genauestens bekannt sein. Für den Geophysiker bringt dabei die Nutzung künstlich angeregter Erschütterungen gegenüber den natürlichen Erdbeben erhebliche Vorteile. Man kennt genauestens das Epizentrum und die Herdtiefe, kann die Herdzeit vorher festlegen und die Energie der Wellen nach Wunsch dosieren. Außerdem ist man sicher, daß nicht ein komplizierter tektonischer Herdmechanismus wirkt, sondern alle seismischen Wellen kugelförmig von einer eng begrenzten Quelle ausgehen. Über 50 % der künstlichen Erdbeben, darunter alle stärkeren, werden durch Sprengungen angeregt, etwa 40 % durch Vibration, etwa 10 % durch Pulsation und nur ein verschwindend geringer Teil durch Fallgewichte oder Schlagwerke.

Bei der Explosion von Sprengstoff wird chemische Energie in mechanische, speziell in seismische Wellenenergie umgewandelt. Die gebräuchlichen seismischen Sprengstoffe enthalten spezifische Energien von etwa 1 Million J/kg. Die Detonationsgeschwindigkeit liegt meist über 5 $km \cdot s^{-1}$, die Dichte bei 1,6 $g \cdot cm^{-3}$ und die Explosionstemperatur knapp unter 5000° C. Die Zündung erfolgt elektrisch mittels Heizstroms, der durch Entladen eines Kondensators oder durch Betätigen eines Kurbelinduktors in eine Zündkapsel mit Knallquecksilber geleitet wird. Die Streuung der Reaktionszeit der Zünder vom Stromeintritt bis zur Sprengung muß unter 1 ms liegen, um die erforderliche Genauigkeit der Seismogrammauswertung zu garantieren. Der Sprengmoment gelangt über Kabel oder per Funk als Abriß in die Registrierkabine und damit als Markierung auf die Seismogramme.

Die Sprengladungen werden bei Messungen auf dem Festland fast ausschließlich in Bohrlöchern von wenigen Zentimetern

Abb. 33 Seismische Sprengung (Ausbläser) [23]

Durchmesser gezündet. Auf eine gute Verdämmung mit Wasser, Bohrspülung oder Sand muß geachtet werden, damit nicht ein Teil der Sprengenergie als "Ausbläser" in die Luft verpufft (Abb. 33). Die günstigste Ladungstiefe hängt von den geologischen Bedingungen im Meßgebiet ab, insbesondere von der Mächtigkeit der an der Oberfläche lagernden lockeren Verwitterungsschicht und von der Tiefe des Grundwassers. Je lockerer und poröser das Gestein, um so schlechter ist die Energieankopplung beim Sprengvorgang. Meist genügen Ladungstiefen von durchschnittlich 10 bis 20 m.

Die verwendeten Ladungsmengen variieren stark mit der gewünschten Erkundungstiefe. Für Zwecke der Baugrunduntersuchung oder der Vorfelderkundung von Braunkohlentagebauen reichen oft wenige Gramm Sprengstoff. Reflexionsmessungen zur Erfassung erdöl- oder erdgasführender Schichten in einigen Kilometern Tiefe verlangen bereits mehrere Kilogramm, bei seismischen Tiefensondierungen nach dem Refraktionsprinzip mit Weitaufstellungen von Dutzenden Kilometern kommt man oft mit einer Tonne Sprengstoff nicht aus.

Verschiedentlich bietet sich dem Seismiker die Möglichkeit, Steinbruchsprengungen mit mehreren Tonnen Sprengstoff als Energiequelle zu nutzen. Allerdings ist die Abstrahlwirkung solcher Kammersprengungen nicht optimal in die Tiefe gerichtet, sondern dient dem seitlichen Wegdrücken und Zerkleinern von Felswänden. In Gebieten fernab menschlicher Siedlungen oder landwirtschaftlicher Nutzung kann man auf jegliche Sprengbohrungen verzichten und ausschließlich Luftsprengungen verwenden. Gleiches lohnt sich in Ausnahmefällen bei sehr hartem Gestein, das die Bohrtätigkeit unmöglich macht. Dann werden die Ladungen an 1 bis 2 m langen Stangen befestigt oder flach eingepflügt oder einfach auf dem Boden ausgelegt. Die Ausbeute an elastischer Energie ist zwar geringer als beim Sprengen im Bohrloch, das leichte und schnelle Arbeiten mit dieser Art Anregung erhöht aber andererseits die Wirtschaftlichkeit beträchtlich. Allerdings gibt es in vielen Ländern Begrenzungen für die Größe der Ladungsmenge, um Flurschäden gering zu halten.

Günstige Anregungsbedingungen für sprengseismische Untersuchungen sind bei Unterwasserexplosionen gegeben. Aus Gründen des Umweltschutzes und der ungleichmäßigen Verteilung von Teichen und Seen auf dem Festland bieten sie sich dem Geophysiker bei großflächigen landseismischen Arbeiten selten an. Alte, mit Wasser gefüllte Steinbrüche werden bevorzugt als Sprengorte für seismische Tiefensondierungen genutzt. Hier ist die Energieausbeute infolge der Wasserverdämmung besser als im Lockergestein. Außerdem können im Gegensatz zur begrenzten Aufnahmefähigkeit gebohrter Löcher auch größere Sprengstoffmengen ohne besondere technische Vorkehrungen abgesenkt werden.

Für viele seismische Erkundungsobjekte ist der Einsatz sprengstoffloser Energiequellen von gewaltigem Vorteil oder gar unbedingte Voraussetzung. Der Wegfall des meist beträchtlichen Bohraufwandes und das Ausbleiben von Sprengschäden haben zur Entwicklung sinnreicher Konstruktionen für die Erzeugung von Kleinbeben geführt. Die Geophysiker können heute verschiedene energieärmere, aber sonst günstigere nichtexplosive Anregungsarten nutzen (Abb. 34). Da sich deren Anwendung in der Regel beliebig oft wiederholen läßt, gelingt die Summation der meist schwachen Einzelimpulse zu deutlicher lesbaren Signalen (Energiestapelung). Sprengstoffloses Arbeiten ist unverzichtbar in der Nähe empfindlicher Bauwerke, in Städten, auf

Straßen, in Tunnels, in Naturschutzgebieten und vor allem auf See.

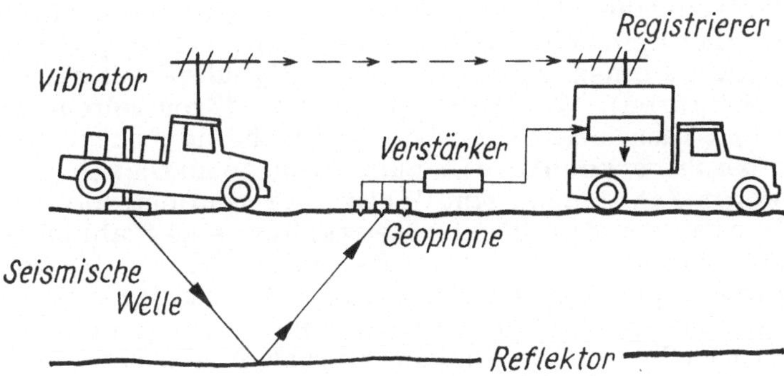

Abb. 34 Prinzip Vibrationsseismik

Beim einfachsten nichtexplosiven Anregungsverfahren schlägt ein Fallgewicht oder einfach nur ein schwerer Hammer auf eine in den Erdboden eingelassene kleine Stahlplatte. Moderne Fallwerke sind heute auf geländegängige Fahrzeuge montiert und lassen Massen von mehreren Tonnen aus 2 bis 3 m Höhe fallen. Erst mehrere solcher Schläge (engl.: drops) ergeben – für einen Meßpunkt gestapelt – ein gutes Seismogramm. Die Fallgewichtsmethode ist vorteilhaft einsetzbar in Wüsten, Halbwüsten und Steppen, wo sich die schweren Fahrzeuge relativ frei bewegen können. Anstelle der Beschleunigung während des freien Falls wird bei einigen abgewandelten Verfahren die Masse mit mechanischen Federn (Impaktor) oder Preßluft (Terrapack) gegen den Erdboden geschleudert. Wenn mehrere Fallgewichtsquellen gleichzeitig für die Anregung verwendet werden sollen, ergeben sich Schwierigkeiten bei der Synchronisation.

Das Verfahren Dynapulse benutzt die von einer Funkenstrecke ausgehende Druckwelle als Kraftquelle. Weite Verbreitung hat das Dinoseis-Verfahren gefunden: In eine am Fahrzeug befindliche Brennkammer wird ein Sauerstoff/Propan-Gemisch geleitet und durch eine Zündkerze elektrisch zur Explosion gebracht. Die Druckwelle schlägt einen beweglichen Stempel nach unten auf den Erdboden. In wenigen Sekunden ist dann die Kammer wieder gefüllt, und der nächste Schlag (engl.: pop) kann ausgelöst werden. 10 bis 2o Pops pro Meßpunkt sind in der Regel zur Erzeugung eines guten Seismogramms notwendig.

Mit Hilfe elektronischer Steuerungen ist es möglich, Schläge in so schneller, aber dennoch regulierbarer Folge zu erzeugen, daß die Einzelstöße zu einem kontinuierlichen Signal verschmelzen (Vibroseis-Verfahren). Taktwechsel dieses "Trommelfeuers" werden vorprogrammiert, um charakteristische und damit vom Empfänger besser erkennbare Impulsfolgen zu erzeugen. Auf tonnenschweren Fahrzeugen sind Vibratoren montiert, die ihre Bewegungen mittels hydraulischer Stempel über eine Stahlplatte auf den Boden hämmern (Abb. 35). Dabei werden bis zu 150 Einzelschwingungen pro Sekunde in veränderlichem Takt abgestrahlt (engl.: sweep). Etwa 20 Sweeps einer Gruppe von mehreren Vibratoren bilden das Ausgangssignal. Dieses kann aufgrund seiner genau bekannten Gestalt leichter in der registrierten Antwort des Untergrundes wiedergefunden werden. Wegen ihres beinahe geräuschlosen Arbeitens sind Vibratoren für seismische Arbeiten in Städten besonders geeignet. "Rüttel-LKWs" auf den Avenues von Paris, entlang der Kais von Rotterdam oder in den Alpentunnels sind heute keine Seltenheit mehr. Ihre technische Perfektion und die für die Datenbearbeitung notwendigen Verfahren wurden inzwischen so weit vorangetrieben, daß hier der konventionellen Sprengseismik Konkurrenz erwachsen ist.

Seit man auch auf See nach Erdöl bohren kann, ist der Ruf nach seismischen Messungen im maritimen Bereich immer lauter geworden, wobei die seismischen Meßschiffe nahezu ausschließlich sprengstofflose Quellen verwenden. Die Anwendung von scharf gebündeltem Ultraschall, wie sie von Echolotmessungen bekannt ist, reicht für das Abtasten und Modellieren des Meeresgrundes und von Fischschwärmen aus. Aufgrund der geringen Eindringtiefe in feste Körper bleibt Ultraschall für eine geologische Schichtenerkundung wenig geeignet. Als seismische Quellen werden auf See vor allem Luftpulser eingesetzt, d.h. Luft wird unter Wasser in Druckkammern (1...30 l) durch bewegliche Kolben auf bis zu 15 Millionen Pa zusammengepreßt. Ein elektrisch betriebenes Steuerventil gibt den Kolben frei, so daß die Luft schlagartig durch Schlitzfenster aus der Kammer entweicht. Die Reaktionszeit der "Luftexplosion" beträgt nur wenige Millisekunden.
Im Gegensatz zum Explosionsprinzip des Luftpulsers arbeitet das Verfahren Flexichoc nach dem Prinzip der Implosion. Aus einer

Abb. 35 Vibrator im Einsatz [23]

Kammer werden zwei mit den Stirnseiten gegenüberliegende Stempel durch Preßluft herausgedrückt und verriegelt. Dann pumpt man die Luft aus, und die Stempel werden entriegelt. Der hydrostatische Druck läßt beide aufeinanderzuschnellen, bis Federn die Bewegung auffangen. Durch den Implosionsvorgang wird ein relativ sauberer seimischer Impuls ausgesendet.

Das Vaporchoc-Verfahren erzielt einen ähnlichen Effekt durch plötzliche Kondensation von Heißdampf, der aus einem wärmeisolierten Tank über ein Steuerventil ins umgebende Wasser gedrückt wird. Die Injektionszeit liegt zwischen 10 und 50 ms; die "Schußanzahl" bei 5 bis 10 pro Minute.

Die von den seismischen Quellen schlagartig freigesetzte Energie breitet sich durch feste, flüssige oder gasförmige Stoffe nach allen Seiten aus. Materialteilchen (man denke an ein Würfelchen) werden angestoßen und nehmen portionsweise Energie auf, um dann deformiert (zusammengepreßt, auseinandergezo-

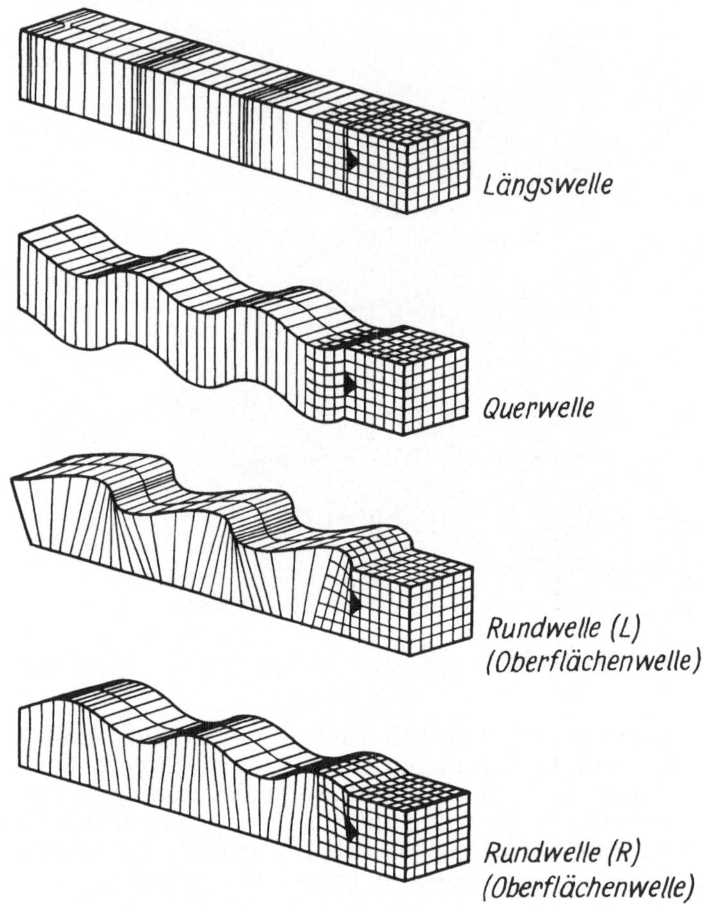

Abb. 36 Schwingungsbilder elastischer Wellen [16]

gen, verbogen oder verdreht) zu werden. Dabei ändern sie ihre Form (Scherung) und ihr Volumen (Pressung oder Streckung). Sie geben dadurch die Bewegungsenergie an die benachbarten Teilchen weiter und kehren gleichzeitig in einer gedämpften Schwingung zu ihrer ursprünglichen Gestalt zurück (Elastizität). Alle Teilchenbewegungen überlagern sich zu einer Welle (mechanische Welle im Gegensatz zur elektromagnetischen Welle). Die Senkrechte zur Wellenfront wird als Strahl bezeichnet. Je nach Art und Richtung der Teilchenbewegungen entstehen verschiedene Wellenarten: Längswelle, Querwelle, Rundwelle (Abb. 36). Querwellen können nur in Festkörpern auftreten. Die Wellen breiten sich von der Quelle nach allen Seiten aus; stehen Hindernisse im Weg, wie Schichtgrenzen, geologische Körper oder ganz allgemein sprunghafte Änderungen der Schallhärte, dann laufen die Wellen nicht nur mit anderer Geschwindigkeit weiter, sondern wechseln auch ihre Richtung, ihre Stärke und die Art ihrer Ausbreitung. Es gelten die aus der Optik bekannten Gesetze der Reflexion und der Brechung. Mit zunehmendem Laufweg werden die Signale der seismischen Wellen ähnlich wie bei der Ausbreitung des Schalles und des Lichtes durch Dämpfung (Absorption) und räumliche Ausdünnung (Divergenz) immer schwächer.

Da die geologische Situation in Oberflächennähe meist kompliziert ist, verwundert es nicht, daß sich der Seismiker häufig einem wirren "Wellensalat" gegenübersieht. Nur mit großer Mühe und hohem Aufwand gelingt es, die gesuchten Nutzwellen von den Störwellen zu trennen, während man die mikroseismische Bodenunruhe relativ leicht erkennen und ihren Einfluß auf das Seismogramm beseitigen kann. Erschütterungen durch Wind und Wetter, wie schwankende Bäume und Masten, Frost und Regen, aber auch Verkehr und Industrie rufen andauernde Bewegungen des Erdbodens hervor.

Der größte Teil der Störwellen wird von der seismischen Energiequelle direkt oder indirekt selbst erzeugt. Bei oberflächennaher Anregung sind die nahegelegenen Erschütterungsaufnehmer häufig durch den Luftschall so stark beeinflußt, daß während des Durchgangs der Schallwellen keine Nutzinformation aus der Tiefe mehr erkennbar ist. Das gilt auch für Schallwellen, die im Gelände von Hindernissen, wie Gebäuden oder den Fahrzeugen des Meßtrupps selbst, als Echo zurückgeworfen werden.

Unmittelbar an der Erdoberfläche breiten sich auch in der Umgebung künstlicher Erdbeben Oberflächenwellen aus. Der Seismiker bezeichnet sie als "Roller". In ihrer Wirkung ähnlich, aber schneller laufend und meist energiestärker, sind die vom Sprengpunkt zu den Meßgeräten kommenden direkten Wellen, welche die Registrierungen vollkommen unbrauchbar machen können. Auch aus der Tiefe gelangt Störenergie zurück zur Oberfläche. Diffraktions- oder Streuwellen entstehen nach dem

Prinzip von Huygens an den vielen tausend Unregelmäßigkeiten des Untergrundes, wie Einlagerungen und Verwerfungen. Zum Glück nimmt die Energie der Diffraktionswellen mit der Entfernung von den Streuzentren relativ rasch ab.

Das ohnehin schon vielgestaltige Gemisch der sich nach allen Seiten ausbreitenden seismischen Wellen wird durch den Wechsel von Längs-(P-) zu Quer-(S-) Wellen und umgekehrt noch komplizierter. Die S-Wellen laufen nur reichlich halb so schnell wie P-Wellen. Um von den gemessenen Laufzeiten über die Geschwindigkeiten auf die richtige Tiefenlage der Reflektoren schließen zu können, müssen deshalb in den Registrierungen beide Wellentypen klar unterschieden werden.

Von allen Störwellen fürchtet aber der Seismiker am meisten die Mehrfachreflexionen oder Multiplen. Im Gegensatz zu den Einfachreflexionen, die direkt von der Anregungsquelle zu einem der Reflektoren und zurück laufen, sind die Multiplen Pendler zwischen den Schichtgrenzen. Man spricht von Teilwegmultiplen, wenn sie erst nach mehrmaligem Hin und Her aus dem Untergrund zur Oberfläche zurückfinden. Dagegen werden Vollmultiple an der Grenze Erdboden/Luft wieder nach unten reflektiert. Die Mehrfachreflexionen wiederholen sich in beliebigen Kombinationen so oft, bis die Wellen ihre Energie verbraucht haben und nicht mehr meßbar sind. Im Seismogramm können sie noch viel später als die Einfachreflexionen beobachtet werden und damit tiefere geologische Horizonte vortäuschen.

Ein besonderer Multiplentyp tritt bei seismischen Seemessungen auf. Meeresboden und Wasseroberfläche sind ausgezeichnete Reflektoren. Zwischen ihnen verläuft sich durch viele Einzelreflexionen nutzlos ein Großteil der im Wasser angeregten Energie. Als Reverberationen erzeugen sie im Seismogramm je nach Wassertiefe ein störendes breites Schwingungsband, das nur langsam abklingt.

Weniger problematisch ist eine Störwelle, die man als Ghost (engl. ghost: Geist) bezeichnet. Es ist die Reflexion der vom Schußbohrloch nicht in die Tiefe, sondern zunächst an die Oberfläche und erst dann durch Reflexion nach unten abgestrahlten Energie. Der "Geist" begleitet jede von unten kommende starke Reflexionswelle in einem konstanten Zeitabstand, der der doppelten "Aufzeit" am Schußloch entspricht.

Meist erwünscht, weil energiebündelnd, sind hingegen Kanalwellen in Steinkohleflözen. Sie bilden sich, wenn in der Tiefe eine Schicht mit - gegenüber dem Hangenden und Liegenden - erniedrigter seismischer Geschwindigkeit angetroffen wird. Die Wellenenergie verfängt sich darin wie Schall in einem Tunnel.

Das Auflösungsvermögen, d.h. die Minimalgröße seismisch erkennbarer geologischer Objekte, kann nicht wesentlich kleiner als die Wellenlänge sein. Diese beträgt bei Erdbeben meist mehrere Kilometer. Die Längen explosiv angeregter seismischer Wellen liegen im Deka- bis Hektometerbereich. Damit werden für die angewandte Seismik Aussagen im Größenbereich erdölgeologisch besonders interessanter Strukturen möglich. Will man das Auflösungsvermögen bis in den Meterbereich treiben - was für viele praktische, insbesondere bergmännische Fragen wünschenswert ist -, so gehen diese Bestrebungen auf Kosten der Wirkungstiefe. Seismische Wellenlängen im Meterbereich dringen kaum tiefer als 100 m in die Erde ein, und die zugehörigen Frequenzen liegen bei 100 bis 200 Hz.

Für detaillierte Erkundungen mit dezimeter- oder gar zentimetergenauer Auflösung muß das kurzperiodische Ende des Wellenspektrums gewählt werden: der Ultraschall. Aber nur in Flüssigkeiten (und Gasen) breitet sich Ultraschall auf Grund der geringen Dämpfung über größere Entfernungen aus. Die problemlose Erfassung auch extremer Meerestiefen mittels Echolotung (engl. SONAR: sound navigation and ranging) steht dafür als bekanntestes Beispiel. In festen Körpern wird Ultraschall schon nach wenigen Dezimetern stark abgeschwächt, so daß in der Regel nur Labormessungen an kleinen Gesteinsproben oder Modellkörpern möglich sind. Lediglich in Salzgesteinen können bei geschickter Sende- und Empfangstechnik Schallreflexionen aus über 2oo m Entfernung registriert werden.

Datenflut für den Großcomputer

Von allen geophysikalischen Verfahren erfordert die Seismik den höchsten finanziellen, materiellen und personellen Aufwand, ausgenommem wenige Spezialmessungen zur See, aus der Luft oder bei Raumfahrtmissionen. Die Arbeit einer seismischen Untersuchung beginnt lange vor dem ersten "Schuß" des Meßtrupps.

Projektanten müssen die Meßflächen und das Profilraster aussuchen, und zwar in oft schwierigen Verhandlungen mit Eigentü-

Abb. 37 Bohrgeräte im Gelände [23]

mern, Kommunen und unter sorgfältiger Beachtung des Landschaftsschutzes. Vermesser mit wendigen Geländefahrzeugen legen dann die genauen Positionen des seismischen Sende- und Empfangssystems fest. Bohrspezialisten mit schweren allradgetriebenen Trucks, auf denen schwenkbare Bohrtürme montiert sind, bringen Sprengbohrlöcher in die Erde nieder (Abb. 37), und schließlich zündet der "Schießer" die Ladungen.

Kabel- und Geophonleger haben inzwischen kilometerlange Meßlinien mit Tausenden von Empfängern ausgelegt und mit dem Meßwagen verdrahtet oder per Funk telemetrisch gekoppelt. Dort nimmt der Registrierer die Seismogramme auf und liefert die Digitalbänder in die Auswertezentrale seiner Firma. Zuletzt werden die Daten in einem hochentwickelten Bearbeitungsprozeß in seismische Profilschnitte umgewandelt. Geophysiker und Geologen versuchen daraus, ein möglichst realitätsnahes Abbild des Untergrundes zu entwerfen.

Die Geophone sind bei reflexionsseismischen Messungen in dichter Folge als Einzelgeräte oder Gruppen zu je 3 bis 5 mit Abständen von 10 bis 100 m längs eines Profils postiert. 24, 48 oder mehr Geophongruppen werden gleichzeitig bei jeder Sprengung abgefragt. Daraus entstehen die 24 oder 48 Aufzeichnungslinien (Spuren) eines Seismogramms. Flächenhaft zusammengeschaltete Geophone ("Bündelung") wirken wie Empfangsantennen mit Richtwirkung und ermöglichen eine Aussortierung von Nutzwellen aus dem verrauschten "Wellensalat".

Die in der angewandten Seismik gebräuchlichen Empfänger arbeiten wie die meisten Seismometer zur Erdbebenregistrierung nach dem Prinzip der elektromagnetischen Induktion. Eine freihängende Spule wird von einem Ringmagneten umschlossen, der fest mit dem Gehäuse verbunden ist (Tauchspul-Geophon). Das nach unten spitz geformte Geophongehäuse steckt im Boden und nimmt die Erschütterungen auf, während die Spule auf Grund ihrer Trägheit in Ruhe bleibt. Durch die Relativbewegung von Spule und Gehäuse (einschließlich Magnet) entsteht ein Induktionsstrom im Rhythmus der Bodenschwingungen. Je höher die zu messenden Frequenzen sind, um so kleiner können die Geräte sein. Beispielsweise wiegt ein für die Erdölerkundung verwendetes Geophon nur wenige Dekagramm und findet bequem in einer Hand Platz.

In der Regel wird die vertikale Bodenbewegung gemessen; nur bei Spezialuntersuchungen kommen 3-Komponenten-Geophone zum Einsatz. Die Geophone müssen empfindlich genug sein, um sowohl sehr schwache als auch sehr starke Signale aufzunehmen. Der Dynamikbereich zur Erfassung von kleinster und größter Bodenbewegung ist bei modernen Geophonen größer als 120 dB, so daß Bewegungsunterschiede im Verhältnis von 1:1 Million aufgezeichnet werden können. Die absolute Empfindlichkeit liegt im Nanometerbereich, das sind Bruchteile eines Haardurchmessers.

Gleichzeitig sollen auf den Seismogrammen sowohl die hochfrequenten als auch die niederfrequenten Bewegungen erscheinen. Die Frequenzbandbreite der in der Seismik verwendeten Geophone liegt zwischen wenigen Hertz und mehreren hundert Hertz. Neben der inneren Empfindlichkeit gegenüber Signalen soll sich ein Geophon aber auch durch äußere Robustheit gegenüber Transport und Witterung auszeichnen. Temperaturen zwischen -40 °C und +70 °C, Wasserdichtheit und Schlagfestigkeit sind deshalb unverzichtbare Anforderungen. Man bedenke dabei auch, daß ein Geophon zwecks guter Ankopplung meist mit dem Fuß in den Boden eingedrückt werden muß.

Abb. 38 Auslegen eines Flachwasser-Streamers [23]

Seismische Messungen auf See und im Flachwasserbereich (Abb. 38) erfordern spezielle Seismometer (Hydrophone). Sie schwimmen in einem ölgefüllten Kabel (Streamer) von meist 2 bis 6 km Länge. Der Streamer enthält Paare von piezoelektrisch empfindlichen Scheiben, die so geschaltet sind, daß ein Signal bei horizontaler Beschleunigung gegenphasig und bei hydrostatischem Druck gleichphasig wird. Dadurch sind die Empfänger als Paare unempfindlich gegen Längsbeschleunigung während der Meßfahrt (Abb. 39). Die Hydrophongruppen im Streamer werden meist in 24 oder 48 Elementen (entsprechend den 24 oder 48 Spuren des Seismogramms) von je 50 m Länge zusammengeschaltet. Äußerlich ist der Streamer ein Plastikschlauch von etwa 5 cm Durchmesser, der von 3 Stahlseilen gegen Längszug geschützt wird. Die Einstellung der gewünschten Schlepptiefe erfolgt durch Regulierung des Öldrucks und durch steuerbare Bojen.

Seismische Registrierapparaturen sind die Herzstücke der fahrbaren Meßlabors im Gelände, der schwimmenden Meßschiffe auf See oder der durch unwegsames Gelände zu tragenden Meßstationen. Um wirtschaftlich zu arbeiten, muß die Registrierapparatur auf 24, 48 oder 120, ja sogar auf 1000 und mehr Kanälen gleichzeitig aufnehmen. Das erfordert bei hohen Kanalzahlen entweder entsprechend vieladrige Kabel, deren Masse und Informationsübertragungsdichte zum Problem werden können, oder Telemetrieboxen, welche die Informationen von den Geophonen

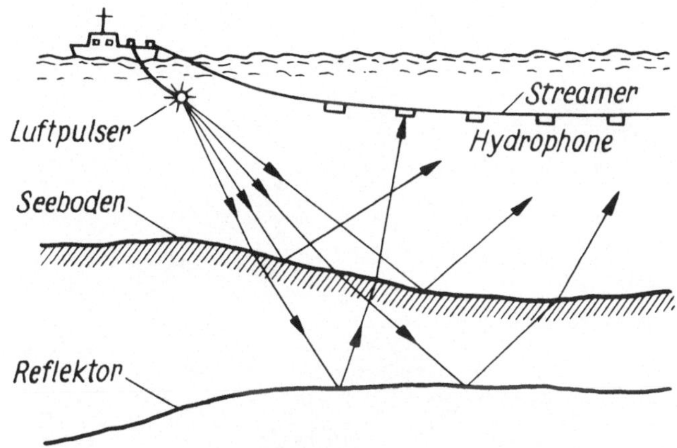

Abb. 39 Prinzip Seeseismik

"bündeln" und im Pulsecode-Verfahren zur Meßstation übertragen. In einigen Fällen sind die Meßtrupps auch mit Funkgeräten ausgerüstet und übertragen die Daten telemetrisch von den Geophongruppen zur Aufzeichnungsapparatur. Dort erfolgt in jedem Fall eine elektronische Verstärkung. Im Gegensatz zur Analogtechnik wird in der Digitalseismik keine kontinuierliche Aufzeichnung der Verstärkerausgangsspannung vorgenommen, sondern über einen Multiplexer ein Digitalisierungsvorgang eingeleitet.

Der Multiplexer arbeitet elektronisch nach dem Prinzip eines äußerst schnell rotierenden Schalters, der kurzzeitig (im Mikrosekundenbereich) die Verstärkerausgänge mit einem Analog/-Digital-Wandler verbindet. Von dort wird ein Digitalmagnetband im gewünschten Format beschrieben. Gebräuchlich sind 16 oder 32 Bit für jeden Meßwert und Halbzoll- oder Ganzzollbänder mit 7,9 oder 21 Spuren bei Aufzeichnungsdichten bis zu 6250 bpi (Bit pro Inch).

Das Abtastintervall für jede einzelne Geophongruppe liegt je nach gewünschtem Auflösungsvermögen zwischen 0.5 ms und 4 ms. Eine 48-kanalige Apparatur mit 2-ms-Abtastung und der für einige Kilometer Erkundungstiefe nötigen Registrierzeit von 6 s speichert bei jeder Sprengung mehrere Millionen Bit. Ein einziger landseismischer Trupp aber zündet pro Tag allein Dut-

Abb. 40 Ausbläser auf See [23]

zende von Sprengungen. Auf See ist der Meßfortschritt noch um ein Vielfaches größer. Die Crew eines im Küstenbereich arbeitenden kleineren seismischen Meßbootes (Abb. 40) muß pro Sekunde über 50 Kilobit Informationen aufnehmen.

In den Meßfahrzeugen sind zur Bewältigung der Bit-Lawinen Mikroprozessoren und Computer installiert, die nicht nur die Funktion der Apparatur kontrollieren und steuern, sondern auch bereits erste Datenbearbeitungsprozeduren, wie Stapeln, Korrigieren, Entstören und digitales Filtern ausführen. Diese Operationen dienen sowohl der Verdichtung der Primärdaten als auch einer ersten Datenveredelung.

Der seismische Datengewinnungs- und Datenbearbeitungsprozeß soll am Ende möglichst scharfe "Bilder" des Untergrundes liefern. Eine Parallele zum Fernsehen drängt sich hier auf. Bei letzterem fällt Licht auf ein Objekt, wird reflektiert, von einer Kamera aufgenommen, in elektrische Impulse umgewandelt, per Funkwellen abgestrahlt, von einer Antenne wieder empfangen und über Spannungsimpulse auf einer Mattscheibe als Bild rekonstruiert. Dieser Prozeß ähnelt im Prinzip dem seismischen Bearbeitungsablauf. Allerdings ist die Bildwiedergabe wesentlich schwieriger und ungenauer. Am Fernsehgerät kann man alle Nuancen von Helligkeit, Kontrast und Farben leicht regulieren. Das Bild ist kaum verzerrt, da Signale, Frequenzen und Sendesystem genauestens bekannt sind und eine sofortige "Echtheitskontrolle" an Hand der Bildqualität erfolgt. In der Seismik ist der Regulierungsprozeß wesentlich aufwendiger, komplizierter und am Ende dennoch ungenauer. Letztlich ist das Ergebnis nur durch Bohrungen überprüfbar.

Die Bearbeitung der von den Meßtrupps gewonnenen seismischen Daten zu geologisch interpretierbaren Abbildern des Untergrundes erfordert leistungsfähige Rechenanlagen. Die angewandte Seismik mit ihren täglich anfallenden, prall mit Daten gefüllten Digitalmagnetbändern (insbesondere von Meßschiffen erfolgt die Anlieferung auch über Datenfunkstrecken oder via Satellit) hat die Entwicklung der Rechentechnik nicht unwesentlich mit vorangetrieben (Abb. 41). Neben den aus dem All kommenden Raumfahrtdaten sind es die seismischen Informationen aus der festen Erde, die hinsichtlich ihres Umfangs und ihrer Komplexität die Computer immer wieder bis an ihre Leistungsgrenzen beanspruchen. Rechengeschwindigkeiten, die im Bereich von Milliarden Operationen pro Sekunde liegen, und Kernspeicherkapazitäten, die Millionen von Byte (8 bit) betragen, werden vom Seismiker gewünscht. Hinzu kommen besondere Anforderungen an die Peripherie der Rechenanlagen, vor allem um die Ergebnisse in flächenhafter oder perspektivischer, räumlicher Form ähnlich den geologischen Schnitten durch die Erde darstellen zu können.

Das Ziel der seismischen Datenbearbeitung besteht im Erkennen der Nutzsignale, dem sich eine konstruktive Umsetzung zu einem geologischen Modell anschließt. Dazu sind umfangreiche numerische Prozeduren erforderlich, die in einem zentral stationierten Rechner digital mit kodierten Zahlenkolonnen ablaufen. Jeder einzelne seismische Meßwert muß etwa 10.000 Rechenoperationen über sich ergehen lassen, ehe er im fertigen Seismogramm seinen Platz findet. Um sich die Kontrolle über die Wirksamkeit der einzelnen Bearbeitungsschritte zu erhalten oder neue Abläufe festzulegen, werden Zwischenergebnisse über Bildschirme ausgeblendet.

Die zusätzliche Bereitstellung von teils physikalischen, teils geologischen Parametern für den Ablauf im Rechner ist ein typisches Merkmal der gesamten Bearbeitung. Ohne die geschickte,

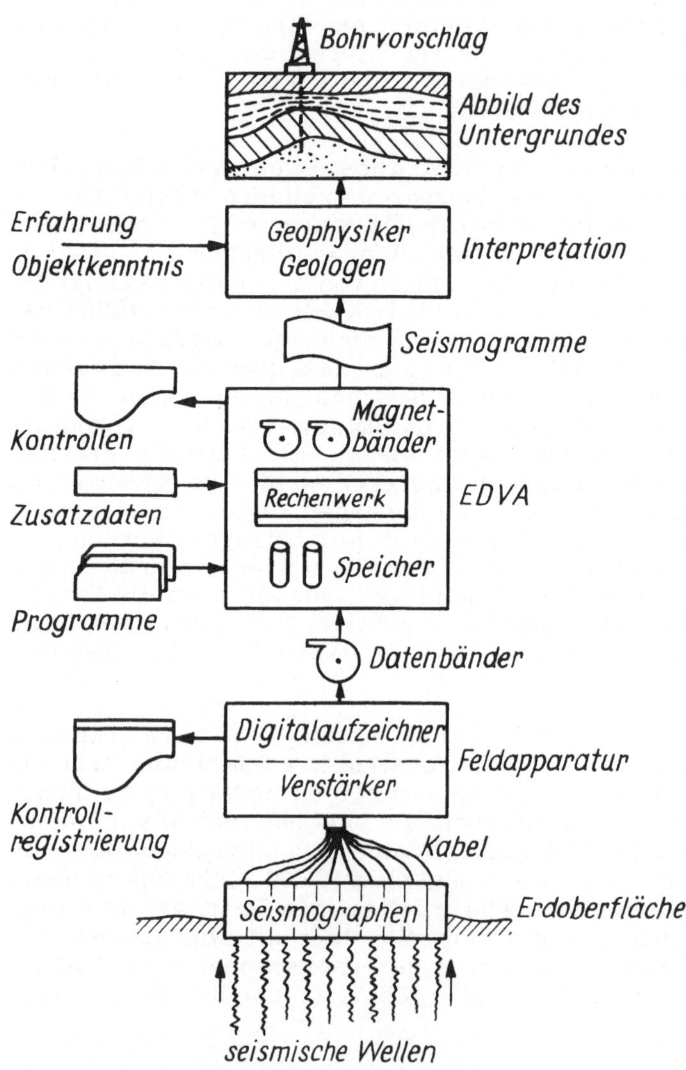

Abb. 41 Datenfluß Reflexionsseismik

sachbezogene Steuerung des Prozesses durch den Geophysiker lassen sich die gewünschten Aussagen nicht aus den Zahlenbergen herausholen. An den wichtigen Stellen im Ablauf der umfangreichen Datenbearbeitung bleiben damit dem Menschen die grundlegenden Entscheidungen vorbehalten.

Im weitesten Sinne handelt es sich bei den im Rechner realisierten Algorithmen um Filteroperationen. Die einfache Frequenzfilterung läßt nur solche Wellen für die anschließende Informationsgewinnung zu, deren Zahl an Schwingungen pro Sekunde im Durchlaßbereich liegt. Welche Form das Nutzfrequenzband ungefähr haben kann, muß der Geophysiker aus seiner Erfahrung bestimmen oder aus speziellen Berechnungen ermitteln.

Neben der Frequenzfilterung von Einzelspuren werden bei linien- oder flächenhafter Registrierung im Gelände auch Verfahren der Mehrkanalfilterung angewendet. Benachbarte Spuren eines Seismogramms betrachten die Seismiker im Komplex, d.h. ihre Gemeinsamkeiten oder gegenseitigen Unterschiede werden zusätzlich als Träger von Informationen genutzt. Auf diese Weise ist außer der Frequenzfilterung auch eine Geschwindigkeitsfilterung möglich. Je nach der scheinbaren Geschwindigkeit des Einlaufens der Wellen an den Geophonen können dadurch unerwünschte Störwellen ausgesondert werden.

Die inverse Filterung ist ein wichtiges Mittel zur Wiederherstellung der wahren Signalform und damit der besseren Lesbarkeit von Seismogrammen. Das von der Quelle ausgesendete Signal - bei Explosion oder Schlag im einfachsten Fall ein einzelner kurzer Impuls - wird auf seinem Weg durch den Untergrund mehr oder weniger stark verzerrt. Außer den systematisch auftretenden oder zufällig eingestreuten Störwellen und den Überlagerungen der vielen einzelnen Reflektorantworten (einschließlich Multipler) ist es vor allem auch die dämpfende Wirkung des Gesteins, die den Sendeimpuls deformiert.

Von den aufgenommenen Erschütterungen interessieren nur die Einsatzzeiten und die Intensitäten der zu den Reflektoren gehörenden Echos. Sie können aus dem Wellenbild herausgelöst werden, wenn es gelingt, einen solchen Filter zu finden, der die Signaldeformation durch das Gestein rückgängig macht (inverser Filter). Die mathematische Statistik lieferte dazu die Theorie, und die Geophysiker lernten es, die für solche Filter nötigen

Zahlenfolgen aus ihren Meßwertkolonnen direkt zu gewinnen. Nach Frequenz- und Geschwindigkeitsfilterung ist dadurch eine gewisse Formfilterung möglich. Die inverse Filterung befreit von Verzerrungen und läßt die Signale nahezu in ihrer ursprünglichen Form und zu den richtigen Zeiten im Seismogramm erkennbar werden.

Nach dem Hervorheben der Nutzsignale zeichnen sich die Konturen der im Untergrund verdeckt lagernden Reflektoren auf

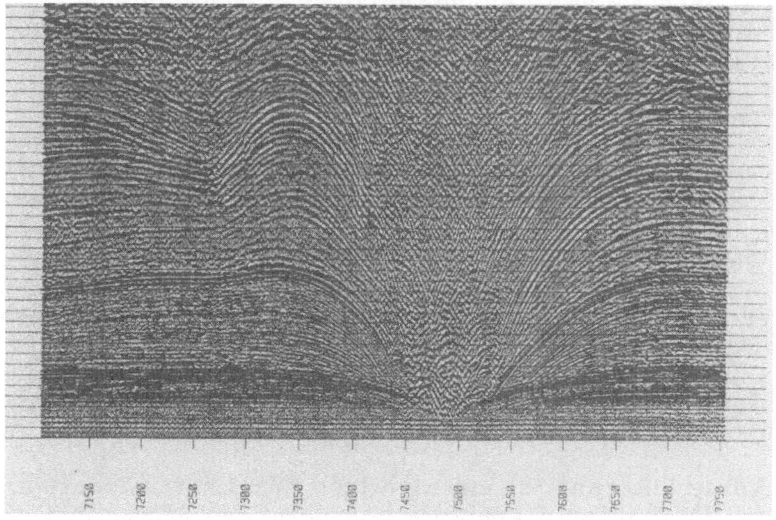

Abb. 42 Seismische Sektion über einem Salzstock
Länge 16.25 km; Tiefe 4,4 km; 670 Kanäle [17]

den aneinandergefügten Zusammenspielungen (Sektionen) der gestapelten und gefilterten Seismogramme immer deutlicher ab (Abb. 42). Die Tiefenwerte wurden über einen Geschwindigkeitsansatz aus den Laufzeiten der Reflexionen errechnet. Man erkennt deutlich das Abbild einer Aufwölbung, wie sie typisch für Salzstöcke ist. An den Flanken sind aufgeschleppte Sedimentschichten sichtbar. Rechts des Salzstockes erscheinen in 2 bis 3 km Tiefe die Konturen einer jener Randsenken, die auf Grund des beim Salzauftrieb verbleibenden Massendefizits ausgleichend entstehen und Akkumulationszentren (Fallen) von Erdöl sein können. Dutzende von teuren Bohrungen wären nötig, um die auf der seismischen Sektion hervortretenden Details zu erkunden.

Der naturgetreuen räumlichen Erfassung eines Körpers sind Grenzen gesetzt, wenn nur Profilmessungen zur Verfügung stehen. Da bei diesen zweidimensionalen (2D-) Aufstellungen Sender *S* und Empfänger *E* auf einer Linie liegen, werden die Reflektoren nur als Kurven in einer durch *S* und *E* gehenden senkrechten Ebene dargestellt. Querneigungen bleiben weitgehend unerkannt. Der fehlende "Rundumblick" kann durch die Sicht aus verschiedenen Winkeln erreicht werden, also durch Queraufstellungen innerhalb eines flächendeckenden Rasters von Schuß- und Geophonpunkten (3D-Seismik).

Die räumliche Erkennung der Reflexionsstrukturen des Untergrundes ermöglicht das scheibenweise Auffächern der Tiefenstockwerke und ihre Darstellungen als horizontale Querschnitte. Diese Bilder zeigen starke Ähnlichkeiten mit den aus der Medizin bekannten Aufnahmen der Computertomographie.

Vor allem Erdöl und Erdgas

Die mit künstlichen Erdbeben arbeitenden Verfahren der Geophysik sind bei der Lösung geologischer und geotechnischer Aufgaben vielfältig einsetzbar. Die Palette ihrer Möglichkeiten reicht von der Baugrunduntersuchung über das Aufspüren von Erdöl und Erdgas bis zur Erforschung des oberen Erdmantels. Überall, wo Änderungen der Schallhärte in der festen - oder auch flüssigen - Erdhülle existieren, treffen die seismischen Wellen auf Reflektoren, die der Seismiker erkennen und abbilden kann.

Die in einigen Kilometern unter der Land- und Meeresoberfläche lagernden Vorräte an *Erdöl und Erdgas* sind weltweit zum klassischen Anwendungsobjekt der Seismik geworden. Vielerorts spricht man direkt von einer Erdöl-Erdgas-Seismik, da ohne sie ein wesentlicher Teil der Weltvorräte an diesen ökonomisch und strategisch bedeutsamen Energieträgern und Rohstofflieferanten nicht so schnell und effektiv gefunden worden wäre. Man denke nur an die riesigen Lagerstätten in den Schelfregionen der Ozeane.

Erdöl und Erdgas sind im Laufe der langen Erdgeschichte entstanden und meist von ihren Entstehungsräumen in abgedichtete poröse Gesteine, sogenannte geologische Fallen, gewandert.
Aus der Anordnung der Reflexionen im Seismogramm schließen die Experten auf eben jene Fallen, in denen sich Kohlenwasser-

stoffe ansammeln können. Man findet sie in den großen Sedimentbecken der Erde in der Umgebung von Salzaufpressungen (Salzstöcken, Salzdomen), in Aufwölbungen von Sedimentschichten (Antiklinalen), an tektonischen Verwerfungen, an Schollengrenzen und an unterirdischen Riffen, die nach Millionen Jahren längst von mehrere Kilometer mächtigen Gesteinspaketen bedeckt sind. Dank der seismischen "Durchleuchtung" heben sich Umrisse dieser geologisch versteinerten und versunkenen Gebilde schemenhaft in Form von Reflexionselementen heraus.

Aus den viele Kilometer mächtigen Sedimentschichten Norddeutschlands treten besonders die Kalkablagerungen und Sandsteine des Erdmittelalters und die Salzschichten des Zechsteins reflexionsseismisch hervor. Dazwischen und darunter sind poröse, erdöl- und erdgashöffige "Nester" versteckt, deren Auffinden von Seismikern hohe Aussagegenauigkeiten verlangt. Seismisch wirksame Erhebungen von nur 20 m und reflektierende Flächen ab 2 km^2 können schon beachtliche Lagerstätten enthalten und dürfen auch in Tiefen um 5 km nicht übersehen werden.

Der Schluß vom seismisch gewonnenen Strukturbild auf den stofflichen Inhalt, also direkt auf die Anwesenheit von Kohlenwasserstoffen, gelingt aber nur in seltenen Fällen. Meist sind es seeseismische Profile mit gleichbleibenden Anregungs- und Empfangsbedingungen und dadurch sehr guter Seismogrammqualität, die starke Überhöhungen der Reflexionsamplitude widerspiegeln. Teilweise wurden Bohrungen auf solche "bright spots" (dt.: schillernde Flecken) direkt öl- bzw. gasfündig. Der Direktnachweis von Kohlenwasserstoffen (DHI: direct hydrocarbon identification) nutzt die Änderungen von Geschwindigkeit und Dämpfung der seismischen Wellen beim Übertritt in ein Medium mit anderer Porenfüllung. Am Kontakt Öl/Wasser steigt die Geschwindigkeit um 5 bis 10 %, am Kontakt Gas/Wasser um 10 bis 40%. Die Dämpfung in einem gasgesättigten Sand wächst um den Faktor 10 bis 40 im Vergleich zu Wasserfüllung.

Mit verfeinerten Auswertemethoden lesen Geophysiker und Geologen aus den Schwingungsbildern in den Seismogrammen heute bereits eine ganze Reihe ebenfalls nutzbarer Gesteinseigenschaften ab, die indirekt mit dem Vorhandensein von Lagerstätten in Verbindung stehen. Dazu gehören Angaben über das Sand/Ton-Verhältnis oder den Anteil von Karbonaten in Sedimentgesteinen. Mit Hilfe von Seismogrammen lassen sich unter bestimmten Bedingungen die Sedimentationsprozesse in grauer geologischer Vorzeit rekonstruieren. Zyklen relativer Hebungen und Senkungen des Meeresspiegels können ebenso erkannt werden wie Sedimentationsrhythmen, Sedimentationsraten, Deltaschüttungen, alte Stromsysteme und Auswaschungszonen. Koppelt man diese Kenntnis über die Vorgänge in einem erdölproduzierenden ehemaligen Meer mit Angaben über die Porenstrukturen und deren Füllungen zu einer Modellvorstellung über die Erdölentstehung und -wanderung in diesem Gebiet, dann findet der Erdölgeologe mit gewisser Sicherheit auch auf diesem Wege verborgene Lagerstätten.

Lagerstättenerkundung mit seismischen Verfahren bedeutet meist einen indirekten Nachweis jener typischen geologischen Strukturelemente, die Bodenschätze führen können und dann zielgerichtet nach seismisch begründeten Vorschlägen abgebohrt werden. Die Seismik kann und will niemals die gesamte geologische Lagerstättensuche und schon gar nicht alle Erkundungsbohrungen ersetzen. Sie bleibt ein Hilfsinstrument der Geologen, dessen Einsatz meist schon dann lohnt, wenn in einem höffigen Gebiet auch nur eine einzige Bohrung eingespart oder deren Aussagewert erhöht werden kann. Bohrprogramme sind Millionenobjekte hinsichtlich des Aufwandes. Die Wahl der richtigen Bohrlokationen beeinflußt entscheidend ihren Nutzen.

Begünstigt durch die im Vergleich zum Nebengestein niedrigere Dichte und teilweise geringere Wellengeschwindigkeit der *Braunkohle* ist die Erkundung der Tiefe, der Mächtigkeit und der flächenhaften Verbreitung von Braunkohleflözen zu einem wichtigen Tätigkeitsfeld der Seismik geworden. Trotz drastischer Reduzierung des Braunkohlenbergbaus wird dieser Energieträger bis weit ins nächste Jahrhundert für Deutschland sowohl im Westen als auch im Osten eine erhebliche wirtschaftliche Bedeutung behalten. Gerade bei den Vorratsabschätzungen und beim Betreiben von Tagebauen in geologisch kompliziert gebauten Kohlefeldern kommen die Bergleute dadurch wesentlich kostengünstiger voran. Die Braunkohlenflöze weisen extrem niedrige Geschwindigkeiten besonders bei Querwellen auf, so daß in den Reflexionsseismogrammen Flözmächtigkeiten um 5 bis 7 m ebenso wie Störungen geringer Sprunghöhe und kleinräumige Auswaschungen noch erkennbar sind.

Im untertägigen *Steinkohlenbergbau* können mit Hilfe von Kanalwellen, die mit relativ geringen Energieverlusten durch die Flöze laufen, tektonische Störungen, Vertaubungen und Auswaschungen bis "weit hinter Streb" erkannt werden. Zum Einsatz kommen sowohl Reflexionsverfahren als auch Durchschallungsmessungen.

Im *Steinsalz-* und *Kalibergbau* gelingen mit dem Sonar-Verfahren Ortungen von laugegefüllten Kavernen, Kluftzonen und Basaltstöcken. Weitere Erkundungsaufgaben dieser Ultraschalltechnik im Salzbergbau sind der Nachweis der oberen und unteren Flözgrenzen, von Ablaugungsflächen und von Anhydritklippen.
Bei der Suche nach *Wasser* liefern refraktionsseismische Untersuchungen mit kleineren handlichen Apparaturen (Hammerschlagseismik) häufig flächenhafte Kartierungen der Tiefenlage von Grundwasserstauern (Tonschichten), die gegenüber ihrer sandig-kiesigen Bedeckung durch einen positiven Geschwindigkeitskontrast auffallen. Gleiches gilt für die Erkundung von *Hartgestein* im Vorfeld von Steinbrüchen. Das gesuchte Kristallingestein (Granit, Porphyr, Basalt, Diabas...) unterscheidet sich durch seine markante Schallhärte im seismischen Bild deutlich vom lockeren Abraum.

Bei der Gründung von *Bauwerken*, insbesondere Hochbauten, Kraftwerken, Industrieanlagen, Staudämmen, Brücken, Straßen, können seismische Messungen die geotechnischen Sondierungen des Terrains unterstützen. Insbesondere die Abgrenzungen vom lockeren zum festen Gestein und der Grad der Gesteinsfestigkeit lassen sich vom Geophysiker für den Bauingenieur bis zu einer bestimmten Genauigkeit seismisch mit Hilfe von Gewichtsschlägen oder Kleinsprengungen ermitteln. Im seismischen Bild erscheinen wichtige Details, wie Hinweise auf Strukturflanken, Verwerfungen, Störungen, Kluft- und Verwitterungszonen, Schuttmächtigkeiten, Schüttungsdichten, Erosionsrinnen, Verkarstungen, Gipsauslaugungen und Hohlräume.

Seismische Sprengungen helfen dem Menschen, auch in solche Tiefenbereiche hineinzuschauen, die nicht durch Bauten, Bergwerke oder Bohrungen erreicht werden können. Die mittlere und untere Erdkruste (etwa zwischen 10 km und 30 km Tiefe) läßt sich in absehbarer Zeit nicht direkt erschließen (Abb. 43). Diese Stockwerke unseres Erdkörpers bilden aber das Bindeglied zwischen der vom Menschen genutzten obersten Erdkruste und dem Erdmantel. Dort ist das große stoffliche Reservoir, aus dem unsere Rohstoffe stammen, denn die Erdkruste ist unmittelbar Produkt des Erdmantels. Dieser wirkte vor allem als "Erzbrin-

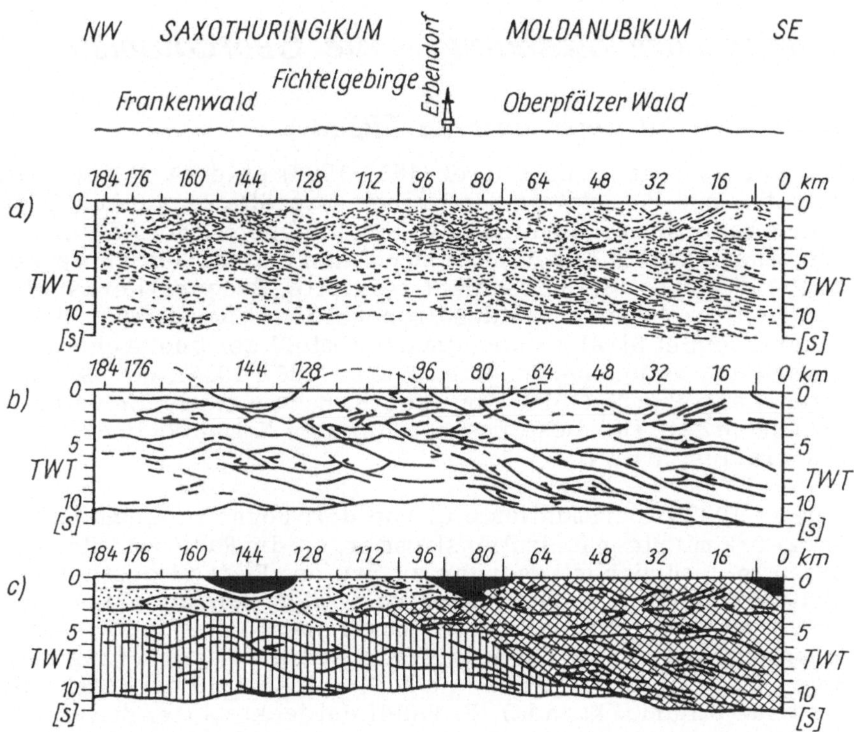

Abb. 43 Reflexionsseismisches Profil über die Tiefbohrung in der Oberpfalz [18]
a) Reflexionselemente, b) Korrelationen, c) Strukturmodell

ger". Je mehr wir über ihn wissen, umso besser verstehen wir die Zusammenhänge zwischen der stofflichen Herkunft unserer Lagerstätten und der von den Erzlösungen benutzten Aufstiegswege (Tiefenbrüche). Schließlich liegen in den mit elastischen Wellen indirekt erschließbaren Tiefenzonen auch die Quellen der Erdwärme, deren Nutzung immer mehr zur Tagesaufgabe wird. Sprengseismische Untersuchungen von Erdkruste und oberem Mantel dringen bis in die Vorbereitungsräume von natürlichen Erdbeben vor. Das seismische Studium des Deformations- und Bruchverhaltens von Gesteinen und der Tektonik in diesen Tiefen leitet somit auch zu Fragen der Erdbebenentstehung und Erdbebenvorhersage über.

Unsichtbare Strahlung – die Georadiometrie

Radioaktivität unter unseren Füßen

Der Franzose Henri Becquerel (1852–1908) entdeckte 1896 beim Arbeiten mit Fotoplatten, daß trotz sorgfältiger Verdunklung seines Labors verschiedene Platten unangenehme Schwärzungen zeigten. Es mußte außer Licht noch eine andere Strahlung geben, auf welche die Fotoschicht reagierte. Becquerel erkannte, daß die Ursache ein Stück des Uranerzes Pechblende war. Dieses Mineral sendet Strahlen aus, die das Umfeld der Quelle chemisch verändern, es ionisieren. Marie Curie (1867–1934), die 1903 mit ihrem Mann Pierre (1859–1906) und H. Becquerel den Nobelpreis erhielt, prägte für diese Erscheinung den Namen Radioaktivität (lat. radius: Strahl).

Bereits 1905 experimentierte G. von dem Borne in einem Uranbergwerk mit einer Ionisationskammer, um die Radioaktivität von Erzen in natürlicher Lagerung zu prüfen. Er fand deutlich erhöhte Aktivitäten in Bereichen, wo Stollen von Erzgängen gekreuzt wurden. 1908 nahmen A. Gockel und T. Wulf die Gesteinsstrahlung im Simplon-Tunnel auf. Erste Strahlungsmessungen im Bohrloch gelangen A.S. Eve und D. McIntosh 1910 bei Beachville (Provinz Ontario, Kanada). E. Bandl entdeckte 1916, daß lokale Ionisierungen, die sich im Gebirge manchmal als kleine Bodennebel bemerkbar machen, in direktem Zusammenhang zu tektonischen Linien stehen können. R. Ambronn wies 1918 über geologischen Verwerfungen bei Blankenburg (Harz) erhöhte α-Strahlung nach.

In den 20er Jahren veröffentlichte der russische Mineraloge und Geochemiker W.I. Wernadski (1863–1945) richtungweisende Untersuchungen zur Radioaktivität von Mineralen und Gesteinen. Er prägte das Wort Radiogeologie und schuf die Grundlagen zur Erforschung der Entstehung und der Lagerung geologischer Gesteinskomplexe aufgrund ihrer radioaktiven Eigenschaften.

Lange Zeit blieb der Nachweis sehr geringer Elementgehalte ein schwieriges Problem. 1938 bestimmte T.F.W. Barth mit Hilfe eines Massenspektrometers die Radiumanteile in Graniten Finnlands, und W.U. Unkowskaja entwickelte 1940 die Lumineszenzmethode zur Uranbestimmung an Gesteinen. Im Jahre 1944 erkannte N.B. Keevil das U/Th-Verhältnis der Granite als wichtigen Indikator der Entstehung und der Herkunft saurer Magmengesteine. Gleiches gelang 1958 auch J.A. Adams und C.E. Weaver für eine Vielzahl von Sedimentgesteinen.

In der Zwischenzeit hatte nach 1945 - beschleunigt durch die Aufrüstung der Großmächte mit Atomwaffen - die planmäßige flächenhafte geophysikalische Suche von Uran- und Thoriumerzen weltweit begonnen. Gemessen wurde zunächst nur die summarische γ-Aktivität, zunehmend mit Hilfe von luftgestützten Strahlungsdetektoren (Aeroradiometrie). Die moderne Entwicklung der Radiometrie, gekennzeichnet durch das Streben nach hochauflösendem und hochempfindlichem Strahlungsnachweis, begann nach 1960 durch die Anwendung der γ-Spektrometrie, der Neutronenaktivierung und der Isotopentrennung.

Der Begriff "radioaktive Strahlung" ist physikalisch nicht korrekt. Radioaktiv sind nur die Strahler selbst: chemische Elemente oder ihre Isotope. Die von ihnen ausgehende Wirkung sollte man besser "ionisierende Strahlung" nennen. Die drei verschiedenen Arten der ionisierenden Strahlung werden mit den griechischen Buchstaben α, β und γ bezeichnet.

In der Natur existieren 70 radioaktive Nuklide. Die meisten stammen aus den Zerfallsreihen der Elemente Uranium und Thorium. Uranium-238, Uranium-235 und Thorium-232 zerfallen mit Halbwertszeiten von Milliarden Jahren in leichtere Kerne, von denen manche als kurzlebige γ-Strahler intensive Radioaktivität aufweisen. Am Ende der Zerfallsketten stehen stabile Blei-Isotope.

Während des natürlichen Zerfalls von ^{238}U werden u.a. Radium und Radon erzeugt. Das Metall Radium ist als γ-strahlendes Isotop ^{226}Ra (Halbwertszeit 1600 Jahre) in der medizinischen Therapie bekannt geworden. Das reaktionsträge Edelgas Radon ^{226}Rn geht unter natürlichen Bedingungen wegen seines chemischen Charakters keine feste Bindung ein und entweicht in die Umgebung (Emanation; lat. emanatio: Ausfließen, Ausströmen). ^{226}Rn ist ein α-Strahler mit einer Halbwertszeit von 3,8 Tagen.

Neben den Zerfallsprodukten von Uranium und Thorium hat das radioaktive Isotop Kalium ^{40}K eine besondere Bedeutung. Es kommt im Kalium nur mit 0.012 Atomprozenten vor, aber da Kalium mit 2.6% in der Häufigkeit der Elemente der Erdkruste an 7. Stelle steht, liefert ^{40}K wesentliche Anteile zur Strahlungsbilanz. Es hat eine Halbwertszeit von 1.3 Milliarden Jahren und sendet intensive β- und γ-Strahlen aus. Durch seine weite Verbreitung, z.B. im Mineral Feldspat, ist es die für den menschlichen Organismus bedeutsamste natürliche radioaktive Strahlungsquelle.

α-Strahlen sind zweifach positiv geladene Atomkerne des Edelgases Helium, die sich mit etwa 10.000 $km \cdot s^{-1}$ geradlinig fortbewegen. Sie vereinigen 4 Protonenmassen und besitzen damit die größte massebezogene Bewegungsenergie aller bekannten Körper. Durch Zusammenstoß mit Materie verlieren die α-Teilchen diese Energie. Die Bremsung ist abhängig von der Dichte, und die Reichweite beträgt in Luft einige Zentimeter, in festen Stoffen weniger als 0.1 mm. Ein α-Teilchen mit der Energie von 10 MeV dringt nur 69 μm in eine Aluminiumplatte ein. α-Teilchen werden vor allem vom Edelgas Radon abgestrahlt, das beim Uraniumzerfall entsteht, durch Spalten und Risse der oberen Erdkruste ständig zur Erdoberfläche strömt und die Bodenluft ionisiert.

β-Strahlung besteht aus Elektronen, die sich mit 99.8% der Lichtgeschwindigkeit fortbewegen. Beim Zusammenprallen mit Atomkernen ändern sie ihre Ausbreitungsrichtung und werden gestreut. β-Strahlung mit 0.1 MeV Energie kann sich in Luft bis zu 13 cm ausbreiten, während in Wasser schon nach 0.14 mm und in Aluminium sogar nach 0.07 mm die Bewegungsenergie aufgebraucht ist.

γ-Strahlen, die am weitesten verbreitete und für die Geophysik auch wichtigste Strahlenart, sind elektromagnetische Wellen. Mit Frequenzen um 10^{19} Hz liegen sie im elektromagnetischen Spektrum jenseits des sichtbaren Lichtes und der Röntgenstrahlung. Sie entstehen, wenn ein angeregter Atomkern in den stabilen Grundzustand zurückgeht. Mit Materie zeigen sie Wechselwirkungen in Form von Streuung an Elektronen (Compton-Effekt), von fotoelektrischer Absorption (Foto-Effekt) und von Paarbildung. Ihr Durchdringungsvermögen ist wesentlich größer als das der α- und der β-Strahlung. γ-Strahlung von 1MeV wird nach folgenden Schichtdicken auf 99% (bzw. 50%) abgeschwächt: Luft 770 m (144 m), Wasser 90 cm (17 cm), Beton 43 cm (8 cm), Eisen 13 cm (2.5 cm), Blei 8 cm (1.4 cm). Die Ionisierung in Luft nimmt dagegen für α : β : γ wie 10.000 : 100 : 1 ab.

Die natürliche Radioaktivität der Gesteine wird im wesentlichen von der γ-Strahlung bestimmt. Die Tabelle 2 zeigt die mittleren Elementgehalte der wichtigsten Strahlungsverursacher in den

Gesteinen. Die Angaben erfolgen für Uranium und Thorium in g/t (entspricht 1 Millionstel, auch ppm: parts per million), für Kalium in kg/t (entspricht 1 Tausendstel; Promille).

Tab.2 Mittlerer Gehalt radioaktiver Elemente in Gesteinen [24]

	Uranium (ppm)	Thorium (ppm)	Kalium (promille)
Erdkruste	4	11.5	26
Granit	4	20	30
Basalt	1	3	8
Gabbro	3	1	8
Sandstein	3	10	12
Kalkstein	1	3	2
Gneis	1	4	20
Marmor	1	2	4
Ton	4	10	30

Vorsicht! γ-Strahlung kann gesundheitsschädigend sein, da bei einer Überdosis das Zellwachstum gestört wird. Auch Radon darf beim Strahlenschutz nicht außer acht gelassen werden. Die Folgenuklide der Radon-Isotope sind Schwermetalle, die sich als freie Atome an Aerosolen der Atemluft anlagern und ins Lungengewebe eindringen können.

In der Regel fällt die Radioaktivität von den sauren zu den basischen Gesteinen (Abb. 44). Meist sind daher die hellen und leichten Gesteine radioaktiver als die dunklen und schweren. Mit steigendem Tongehalt nimmt die Radioaktivität zu, bei Sand und Kies richten sich die Werte nach dem Mineralbestand der Herkunftsgesteine. Kohle ist meist schwach, Erdöl hingegen stärker radioaktiv. Kalisalz weist extrem hohe Aktivitäten auf, hingegen sind seine Begleitgesteine Steinsalz, Gips und Anhydrit fast "Nullstrahler". Bodenluft besitzt durch die Anreicherung von Radon (10^{-12} $g \cdot m^{-3}$) eine etwa 1000mal höhere Radioaktivität als atmosphärische Luft.

Mit Zählrohr und Reaktor

Der Mensch hat für die Radioaktivität kein Sinnesorgan, und er kann sie auch nicht auf direktem Wege messen. Er muß der Strahlung ein Hindernis in den Weg stellen, um ihre Reaktionen beim Aufprall darauf zu beobachten.

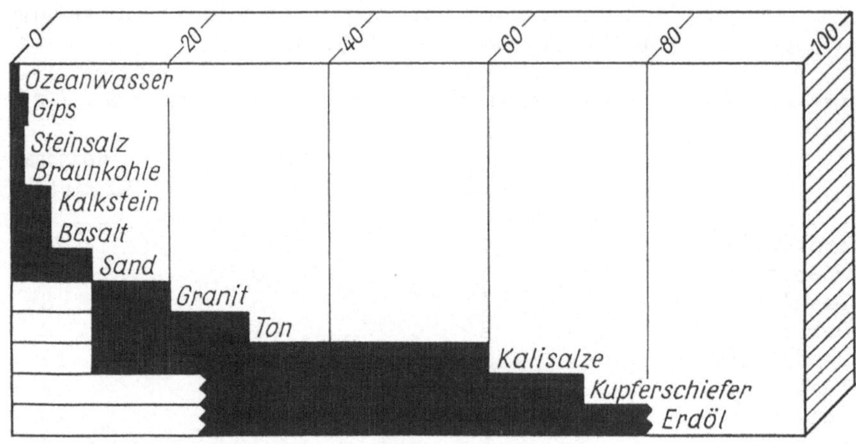

Abb. 44 Radioaktivitäten (in 10^{-12} *g Ra-Äquivalent/g Gestein)*

Radioaktivität "verrät" sich beim Materiekontakt durch Ionisierung, durch Lichtblitze oder durch Kratzspuren. In der Georadiometrie sind vor allem kleine tragbare, batteriegespeiste Zählrohre im Einsatz. Die nach ihrem Erfinder auch Geiger-Zähler genannten 20-30 cm langen, etwa 10 cm dicken Glasröhren enthalten meist ein Argon-Alkohol-Gemisch, in dem beim Einfall von ionisierender Strahlung durch Stoßreaktionen eine Ionenlawine ausgelöst wird. Das Glasrohr steht unter Spannung (400 - 1000V) und beschleunigt die Ionen in Richtung auf eine in der Mitte gespannte dünne Metalldrahtanode, wo sie kurze Spannungsimpulse erzeugen. Durch elektronische Verstärkung können diese Ereignisse registriert, gezählt oder auch hörbar gemacht werden. Die im Feldeinsatz verwendeten Zählrohre sprechen auf α- und β-Strahlung komplett an, für γ-Strahlung liegt das Ansprechvermögen infolge der inneren Trägheit des Meßsystems bei 1 bis 3%.

Wesentlich empfindlicher als Zählrohre reagieren Szintillationszähler. Ihr Herzstück ist ein mehrere Kubikzentimeter bis Dezimeter großer, gezüchteter Kristall tallium- oder silberaktivierten Natriumjodids, Caesiumjodids oder Zinksulfids. γ-Quanten erzeugen in solchen Kristallen Lichtblitze (Lumineszenz), die an der Fotokathode eines Sekundärelektronenvervielfachers (SEV) Elektronenlawinen auslösen, welche am Ausgang des SEV als

Stromstöße angezeigt oder registriert werden. Das Ansprechvermögen der Szintillationszähler liegt je nach Kristallgröße bei 50 - 100%.

Die vom SEV abgegebenen Stromstöße sind proportional der eingefallenen Strahlungsenergie. Damit wird aus den Impulshöhen eine Sortierung nach den jeweiligen Energiebeträgen der Quanten möglich. Diese wiederum geben Hinweise auf das strahlende Isotop. Statt integraler Gesamtstrahlung können die einzelnen spektralen Komponenten gemessen werden (Abb. 45). Ein Spektrogramm ist eine empfindliche Kennkarte der in einer Substanz oder in einem Gestein enthaltenen radioaktiven Einzelteile. Umgekehrt läßt sich aus den gemessenen radioaktiven Komponenten eines strahlenden Gesteins auf dessen Art, Herkunft und Entstehungsgeschichte schließen. Nachteile der Szintillationszähler sind ihre Stoßempfindlichkeit, die stabil zu haltende Hochspannung und der relativ hohe Kristallpreis.

Neben Kristallen können auch tiefgekühlte Si-(Li)- oder Ge-(Li)-Halbleiter zum Nachweis von γ-Quanten verwendet werden. Beim Strahleneinfall in diese Halbleiter entstehen freie Ladungsträger, deren Registrierung eine hohe energetische Auflösung erlaubt.

Außer den elektronisch hochentwickelten Geräten zum Strahlungsnachweis gibt es speziell zur α-Messung einfache und robuste Instrumente, deren meßtechnischer Aufwand außerordentlich gering ist. Bei diesen Festkörper-Spurdetektoren wird α-empfindliche organische Polymerfolie (Zellulosenitrat, Zelluloseacetat) von einem schützenden Plastgefäß verdeckt auf den Boden gesetzt, so daß die α-Teilchen der Bodenluft während mehrerer Stunden oder Tage ihre "Strahlenschäden" an der Folie hinterlassen können. Anschließend ätzt man chemisch die Folie im Labor, und aus der Zahl der sichtbaren Kratzspuren läßt sich die α-Aktivität der Bodenluft ermitteln.

Schneller als unter Verwendung von geätzten Spurdetektoren kommt man bei der α-Messung mittels "klassischer" Emanometrie zum Ergebnis. Bodenluft wird durch eine kleine Handpumpe aus 0.5 bis 1 m Tiefe abgesaugt, in einen Probebehälter (Flasche) unter Vermeidung von Kontakt zur atmosphärischen Luft aufbewahrt und später in einer Ionisationskammer auf α-Aktivität untersucht. Seit einigen Jahren sind auch Feldgeräte im Einsatz, die Bodenluft durch einen Filter leiten und anschließend dessen

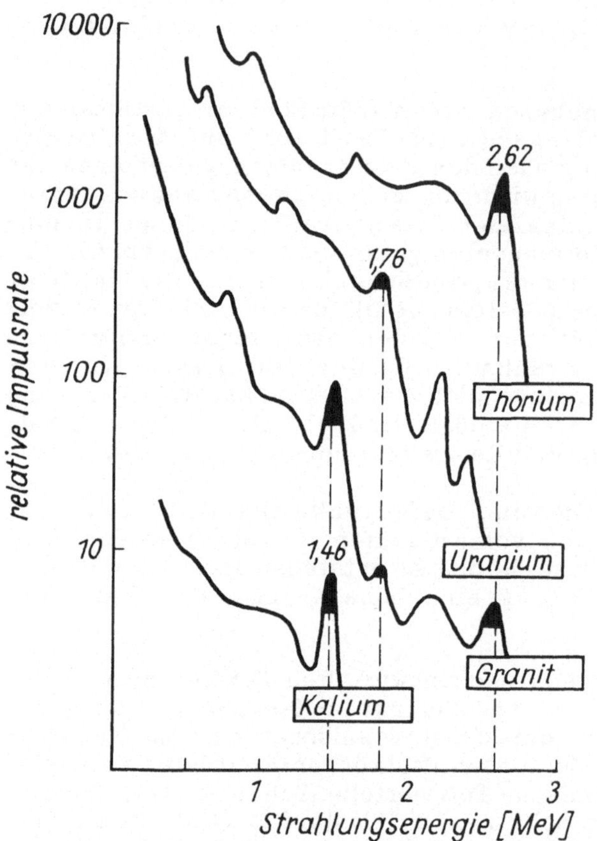

Abb. 45 Gamma-Spektrogramm eines Granits im Vergleich zu Spektren von Kalium, Uranium und Thorium [12]

α-Strahlung sofort im Gelände bestimmen. Emanometermessungen sollten zur Kontrolle an verschiedenen Tagen wiederholt werden, da die Zusammensetzung der Bodenluft empfindlich auf Witterungseinflüsse und jahreszeitliche Schwankungen reagiert.

Vorherrschendes Verfahren der Georadiometrie ist die γ-Strahlungsmessung. Man bewegt die Detektoren (meist Zählrohre oder Szintillationszähler) entweder 0.2 bis 1 m über dem Erdboden, versenkt sie in Gruben (0.2 bis 0.4 m), in Bohrungen (Meter bis Kilometer) oder fliegt sie mit Hubschraubern/Flugzeugen in maximal 100 bis 120 m Höhe über Gelände. Wird zu nahe über dem Erdboden gemessen, dann bringt jeder kleine Stein mit erhöhter Radioaktivität einen nicht repräsentativen hohen Meßwert ein. Fliegt man zu hoch, dann ist die Aktivität infolge Dämpfung in der Luft schon zu stark abgeklungen.

Aeroradiometrische Einsätze werden gewöhnlich in 50 bis 70 m Höhe mit einem Komplex von 6 oder 8 NaJ(Ti)- Kristallen (je etwa 500 cm^3) geflogen. Ein solches Detektionssystem bestimmt aus der Luft den Uraniumgehalt der Gesteine mit einer Genauigkeit von wenigen Millionstel Teilen. Aeroradiometrische Messungen können durch atmosphärische Störungen - wie Luftströmungen, die Radon nach oben transportieren - verfälscht werden. Auch sind die Detektoren nach oben gegen kosmische Strahlung durch Bleiplatten abzuschirmen.

Reicht die natürliche Radioaktivität für ein klares Meßbild nicht aus, dann kann bei Messungen direkt am Gestein, wie im Bohrloch, im Bergwerk oder an Proben im Labor, durch künstliche "Bestrahlung" nachgeholfen werden. Materie reagiert auf Strahlung nämlich nicht nur durch Schwächung, Streuung oder Bremsung dieser Strahlen, sondern auch durch Aussenden von Sekundärstrahlung. Diese Eigenschaft macht man sich in Naturwissenschaft, Medizin, Technik und zunehmend auch in der Geophysik vielfältig zunutze.

Beim Gamma-Gamma-Verfahren wird Gestein mittels seiner starken γ-Quelle (^{137}Cs oder ^{60}Co) bestrahlt, um die dabei provozierte sekundäre γ-Strahlung zu messen. Aus der Intensität dieser rückgestreuten Strahlung (γγ-Strahlung) kann die Dichte des Gesteins errechnet werden. Die Neutron-Neutron-Verfahren verwenden Neutronenquellen (meist ^{252}Cf, ^{241}Am, ^{242}Cm), deren schnelle Neutronen beim Zusammenstoß mit Wasserstoff gebremst werden. Die Bremsreaktionen - als γ-Strahlung nachweisbar - sind ein Maß für den Wasserstoffgehalt und damit für die Feuchte des Gesteins (Neutron-Gamma-/(nγ-)Verfahren).

Bestrahlt man einen Körper mit einer energiereichen Röntgenquelle (Radionuklid ^{241}Am oder Röntgenröhre), dann sendet dieser seinerseits eine charakteristische Röntgenstrahlung aus, die von Szintillationsdetektoren (EuO_2) registriert werden kann. Man spricht von Röntgenfluoreszenzanalyse (RFA). Die Wellenlängen und die Intensitäten der sekundären Strahlung zeigen die jeweiligen chemischen Elemente und ihre Mengen in den bestrahlten Mineralen, Erzen oder Gesteinen an.

Für besonders genaue Analysen des Gehalts an chemischen Elementen und zum Nachweis geringster Konzentrationen muß das betreffende Material mit einem Neutronengenerator oder in einem Kernreaktor bestrahlt werden. Dort entstehen durch Einfang von thermischen Neutronen künstliche radioaktive Nuklide (Induzierte Neutronenaktivierungsanalyse, INAA). Sie senden ihrerseits charakteristische Strahlung aus, die mit hoher Sicherheit auf die genaue Elementzusammensetzung der bestrahlten Probe schließen läßt.

Nicht nur Uran

"Sonnensucher" nannte man die Wismut-Kumpel im Uranerzbergbau Sachsens nach 1945. *Uran* war durch die Atombombenentwicklung zum hochwichtigen strategischen Rohstoff geworden. Inzwischen ebbte der Uranrausch ab. Die Vorräte gelten heute weltweit trotz des gestiegenen Bedarfs durch Kernkraftwerke für Jahrzehnte als gesichert.

Bei der Suche nach den strahlenden Uran"sonnen" oder anderen radioaktiven Strahlern war und ist die Radiometrie, ob mit Zählrohr oder Szintillometer, unentbehrliches Hilfsmittel. Nicht nur zum Aufspüren, sondern auch zur Kontrolle des Abbaus und zur Sortierung nach Erz und Haufwerk muß radiometrische Meßtechnik eingesetzt werden. Neben der Ermittlung des Urangehaltes - kerngeophysikalische Messungen sind siebenmal billiger als chemische Analysen - hält zunehmend auch im *Erzbergbau* die radiometrische Bestimmung anderer Elemente Einzug. Dank γ- und nγ-Spektrometrie erkennt man die Anwesenheit solcher begehrter Elemente wie Eisen, Chrom, Nickel, Titan, Kupfer, Mangan. Speziell im untertägigen Zinnerzbergbau sind tragbare Zinnanalysatoren im Einsatz, die auf der Basis der Röntgenfluoreszenz den Zinngehalt des Gestein am anstehenden Fels auf 0.05% und im Bohrloch auf 0.1% genau anzeigen. Als Röntgenquelle dient ein Americium-241-Präparat.

In erdölhöffigen Regionen deuten Strahlungsminima häufig auf *Kohlenwasserstoffe* hin, da diese die γ-Strahlung abschwächen. Allerdings rufen Erdölvorkommen aufgrund der manchmal recht hohen Eigenaktivität gelegentlich auch positive Anomalien hervor. In Erdöl-Erdgas-Bohrungen geben radiometrische Analysen

Abb. 46 Eine Sonde zur Messung der γ-Strahlung wird versenkt [23]

wichtige Hinweise auf das Öl-Wasser-Regime innerhalb und in der Umgebung des Bohrlochs (Abb. 46). Indirekter Nachweis von öl - oder gasführenden Spalten und Brüchen in den Deckschichten von Ölspeichern gelingt nicht selten durch γ-spektrometrische Bemusterung der Bodenluft.

Im *Kalibergbau* ist natürlich der β-Strahler K_2O bevorzugtes Untersuchungsobjekt. Flözerkundung und Vorratsberechnungen gehören zum radiometrischen Standard von Kaligruben. Mittels γ- und nγ-Verfahren heben sich im Strahlungsbild auch die Nebengesteine Steinsalz und Anhydrit deutlich ab.

Im Vorfeld eines *Braunkohlentagebaues* trägt die Radiometrie wesentlich zur wirtschaftlichen Erkundung bei. Statt aufwendiger Kernbohrungen genügen billigere Spülbohrungen, wenn anschließend mit geophysikalischen Sonden das Bohrloch abgetastet wird. Aus den Bohrlochmeßkurven erkennt der Geophysiker deutlich den Wechsel der γ-Strahlung von Braunkohle und Sand (niedrige Werte) zu Ton, Schluff (Staubsand) und Geschiebemergel (hohe Werte) (Abb. 47). Die Unterscheidung von Braunkohle und Sand gelingt dann in der Kombination mit der γγ-

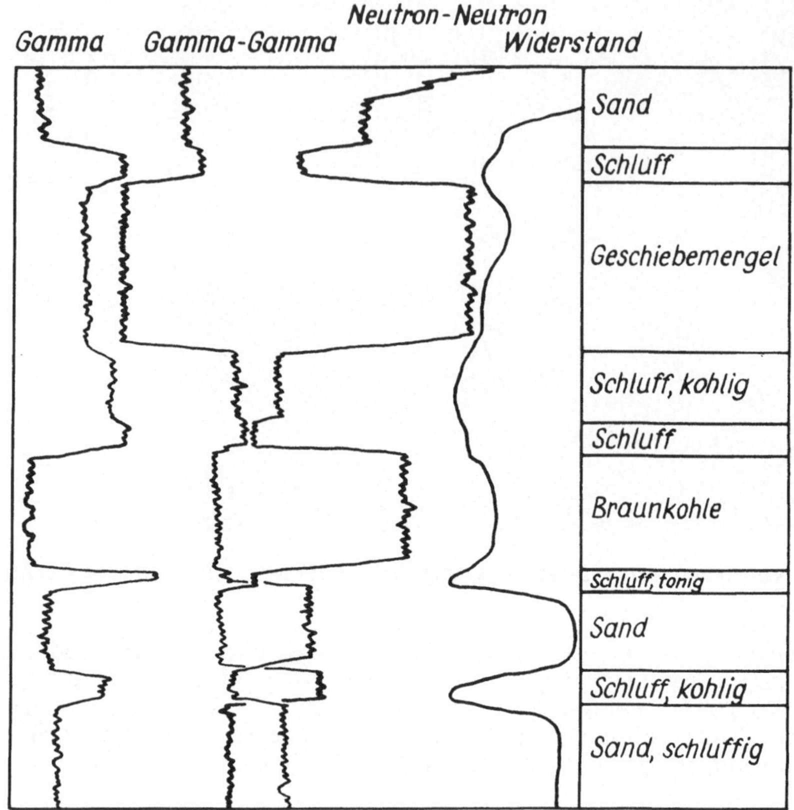

Abb. 47 Bohrlochmeßkurven aus einer Braunkohlebohrung

Kurve (Kohleflöz hohe Werte, Sand niedrige). Zieht man noch nγ- und nn- Messungen hinzu, so werden auch Qualitätsbestimmungen der Braunkohle möglich (Wassergehalt, Aschegehalt, Heizwert).

In *Wasserbohrungen* ist die γ-Strahlungsanalyse das wichtigste geophysikalische Verfahren zur näheren Beschreibung von Grundwasserleitern und -stauern, da hier der Strahlungskontrast von Sand/Kies und Ton unmittelbar erkennbar ist. Im Gebirge deuten Linienanomalien von α-Strahlung oft auf wasserführende Spalten hin.

Der *Ingenieurbau* erhält aus radiometrischen Daten Angaben zur Dichte und Festigkeit des Baugrundes und Fingerzeige auf gefährdende tektonische Störungen. So gelang beispielsweise mittels γ-Radiometrie die Verfolgung einer Bruchlinie zwischen Permokarbon/Buntsandstein unterhalb der Marktkirche St. Marien in Halle/Saale. Dieser verdeckte Erdriß, an dem auch die Solquellen des Hallmarkts aus der Tiefe aufsteigen, bedroht die Standsicherheit der Marktkirche und mußte daher zur gezielten Einleitung von Sanierungsmaßnahmen radiometrisch geortet werden.

Aufsteigendes α-strahlendes Radon kann unter günstigen Voraussetzungen auch bei der *Erdbebenvorhersage* helfen. Ein Erdbeben entsteht durch mechanische Spannungen, deren Energie sich ähnlich wie in einer zusammengedrückten Blattfeder ansammelt. Besonders die stärkeren Beben kündigen sich oft schon Wochen oder Monate vorher durch feinste Bewegungen und mit einem für das menschliche Ohr unhörbaren Knistern an. Wenn es in der Erdkruste zu solchen Dehnungen und Zerrungen kommt, dann reißen im Gesteinspanzer winzige Spalten auf, aus denen das Edelgas Radon nach oben wandert. Da das Radon leicht im Wasser löslich ist, gelingt es verschiedentlich durch radiometrische Überwachung des aus der Tiefe aufsteigenden Wassers, Hinweise auf Erdbebenvorläufer zu bekommen. In Taschkent stieg kurz vor dem schweren Erdbeben vom April 1966 der Radongehalt im Quellwasser auf 300 Prozent.

Die Suche nach Strahlungsquellen und ihre sichere Lokalisierung hat in den neuen Bundesländern Sachsen und Thüringen seit 1990 eine neue Dimension erhalten: Besonders der Uranbergbau nach 1945 hinterließ Altlasten in einer strahlenverseuchten Landschaft. Aber die bergbauliche Tätigkeit im sächsischen Erzgebirge geht bis ins Mittelalter zurück, und Generationen von Bergleuten haben unbewußt lange vor Entdeckung der Radioaktivität die unablässig und unsichtbar zerfallenden Atome ans Tageslicht gefördert. Abraumhalden mit taubem Gestein, verfüllte Grubenbaue, ja selbst Wege, Straßen und Gebäude enthalten strahlendes Gestein. Für die Georadiometrie bedeutet dies eine Fülle von Aufgaben im Dienste der *Umweltüberwachung* und *Umweltsanierung*.

Wärme in der Erde – die Geothermie

Mit Quecksilber und Infrarot

Der sächsische Arzt und Naturforscher Georgius Agricola (1494-1555) erwähnt in seinem 1556 erschienen Bergbaubuch "De re metallica" die bemerkenswerte Beobachtung, daß über verdeckten Erzgängen die Erdtemperaturen häufig höher sind als in der Umgebung. Schon damals vermutete man als Ursache exotherme, also wärmeproduzierende chemische Reaktionen infolge Oxydation von Erzmineralen.

1671 berichtet Robert Boyle (1627-1691) über steigende Temperaturen in Abhängigkeit von der Tiefe ungarischer Kohlengruben, ohne daß Flözbrände, vulkanische Aktivitäten oder die eben erwähnten chemischen Prozesse erkennbar waren. In Deutschland fand Reich im Jahre 1834 durch Temperaturmessungen in Gruben des sächsischen Erzgebirges einen Mittelwert der Temperaturzunahme mit der Tiefe von 1 K auf 33.5 m, und aus Frankreich wurde 1835 durch Arago ein Wert von 1 Grad Reaumur je 113 Pariser Fuß bekannt. Dies entspricht 1 K je 29 m. Die Angaben von Reich und Arago waren verblüffend genau, denn sie sind auch heute noch die für Mitteleuropa zutreffenden Werte der geothermischen Tiefenstufe. Allerdings weiß man inzwischen auch, daß die Temperaturzunahme mit der Erdtiefe global und regional recht verschieden sein kann.

1836 entdeckte Henwood in Erzgruben der südwestenglischen Halbinsel Cornwall Temperaturunterschiede zwischen verschiedenen Gesteinen: Granit war wärmer als Schiefer. Jannettaz veröffentlichte 1874 erstmals Meßdaten zur Wärmeleitung von Böden und Gesteinen. Es war klar geworden, daß die Wärmeleitfähigkeit der Gesteine sehr verschieden sein kann, daß sie eine materialspezifische Eigenschaft wie die elektrische Leitfähigkeit ist. Sie stellt ein Maß für die Fähigkeit eines Körpers dar, Wärmeenergie als Wärmestrom oder Wärmefluß weiterzugeben. Außer durch Wärmeleitung kann dies in festen Körpern auch durch Wärmestrahlung im infraroten Bereich des elektromagnetischen Spektrums oder durch Wärmetransport geschehen. Die Wärme selbst ist eine Energieform, während die Temperatur den thermischen Zustand eines Körpers angibt.

Es war seit langem bekannt, daß die Wärme ständig aus der Tiefe heraufströmt und Temperaturunterschiede allein gesteinsbedingt sein konnten, ohne daß lokale Wärmequellen in der Nähe sein mußten. In den Wärmestrom aus dem Erdinnern sind geologische Körper unterschiedlicher Wärmeleitfähigkeit eingebettet. Sie verformen diesen Strom und bilden sich dadurch als Wärmeanomalien an der Erdoberfläche ab.

Erste Versuche, aus Wärmeanomalien auf Lagerstätten zu schließen, also gewissermaßen mit dem Thermometer, unternahmen 1882 Becker in Comstock Lode (Nevada, USA) auf Erz, 1893 Daubree im Elsaß auf Erdöl, 1924 Koenigsberger auf Steinsalz und Gips. Genauere Informationen über die Eigenarten und die Intensität des erdinneren Wärmestromes waren erst dann zu gewinnen, als man 1939 in der Sowjetunion begann, in tiefen Erdölbohrungen vertikale Temperaturdifferenzen zu messen. Gleichzeitig mußte an Bohrproben im Labor die Wärmeleitfähigkeit zuverlässig bestimmt werden, da sie der Proportionalitätsfaktor zwischen Wärmefluß und Temperaturgradient ist:

$$\textit{Wärmefluß} = - \textit{Wärmeleitfähigkeit} \cdot \frac{\textit{Temperaturdifferenz}}{\textit{Entfernung}} .$$

Der Erfolg geothermischer Erkundung hängt von der Genauigkeit der Temperaturmessung ab. Herkömmliche Quecksilberthermometer reichen dafür oft nicht aus, auch weil man ja den Stand der Quecksilbersäule optisch ablesen muß und nicht auf einfache Weise registrieren kann. Im Jahre 1858 erfand der französische Physiker Alexandre Becquerel (1820-1891) das Thermoelement, 1917 gelang Brückmann die Konstruktion eines funktionsfähigen Widerstandsthermometers. Temperaturmessungen waren nun auf elektrischem Wege möglich, also auch "ferngesteuert". In den 60er Jahren wurde dann im Zuge der Weltraumforschung die Entwicklung der Infrarot-Meßtechnik so weit getrieben, daß auch aus großen Entfernungen durch thermische Strahlungsdetektoren die Oberflächentemperaturen von Körpern, zum Beispiel der Erdoberfläche, berührungslos gemessen werden konnten.

Wärmequellen, Wärmeströme und Wärmestrahler

Verläßlichster Wärme- und damit Lebensspender auf der Erde ist die Sonne. 1400 Joule strömen durch die Kernfusionsreaktionen unseres Zentralgestirns im Mittel pro Sekunde auf jeden Quadratmeter an der Außengrenze der Atmosphäre. Dies entspricht einer spezifischen Leistung von über $1 kW \cdot m^{-2}$. Nur ein Viertel davon erreicht die Oberfläche von Land und Meer. Davon werden 25 % als thermische oder infrarote Strahlung in die Atmosphäre und ins All zurückgeschickt, während der Rest von etwa $280\ W \cdot m^{-2}$ als Wärme in die Erdkruste eindringt. In 1-2 m Tiefe sind die Tagesschwankungen abgeklungen. Die von den Jahreszeiten gesteuerte Temperaturwelle ist in einem unbewachsenen kiesigen Sandboden noch mit einer Amplitude von 1 K in 12 m Tiefe nachweisbar. Allerdings trifft das Sommermaximum vom Juli dort erst im Februar des Folgejahres ein. In 25-30 m Tiefe deutet kein Temperaturwechsel mehr darauf hin, ob Sommer oder Winter herrscht, hingegen können langfristige Temperaturänderungen über Millionen von Jahren - wie Eiszeiten - über 1000 m in die Erde vorstoßen. Der ewige Frost unter weiten, im Sommer eisfreien Teilen Sibiriens und Alaskas beweist dies.

Der Wärmefluß aus dem Erdinnern steuert 1/4000, also ein Viertelpromille, zur Oberflächentemperatur der Erde bei. Andere natürliche Energiequellen sind unbedeutend; nur 1% und 0.1% im Vergleich zur Erdwärme setzen die Vulkane bzw. die Erdbeben als Energie frei, und für deren Umwandlung in Wärme bleibt lediglich ein weiterer Bruchteil.

Zurück zum Erdwärmefluß. Er beträgt an der Oberfläche unseres Planeten durchschnittlich $60\ mW \cdot m^{-2}$ oder $60 \cdot 10^{-3}\ J \cdot m^{-2} \cdot s^{-1}$ oder wie in der Geothermie häufig verwendet: 1.5 HFU (engl. heat flow unit: Wärmeflußeinheit; $1 HFU = 10^{-6} cal \cdot cm^{-2} \cdot s^{-1}$ oder rund $4 \cdot 10^{-4}\ J \cdot m^{-2} \cdot s^{-1}$). Das erscheint wenig, aber mit der Größe der Fläche wächst das Energieangebot. Auf der Fläche eines Fußballfeldes könnte man immerhin bereits 3 Glühlampen zu je 100 Watt leuchten lassen. Und dies über Jahrhunderte, Tag und Nacht. Der Gesamtwärmestrom der Erde bringt $8.4 \cdot 10^{21}$ Joule an die Oberfläche, etwa 30 Millionen Megawatt, und das ist das Dreißigfache der Produktion aller Kraftwerke der Erde.

Eine globale Wärmeflußkarte zeigt wärmere Regionen (Alpen, Island, Kalifornien, Japan, Rotes Meer, Mittelozeanische Rücken) mit einem Wärmefluß von über $80\ mW \cdot m^{-2}$, was geothermischen Tiefenstufen von etwa 20 m pro Kelvin entspricht. Geringeres Wärmeangebot herrscht in Osteuropa, Westafrika, Kanada, Brasilien, Australien, in Tiefseebecken mit weniger als $50\ mW \cdot m^{-2}$ (über 50 m je Kelvin). Da die Wassertemperatur im Ozean von etwa 3 bis 10° C bei 1000 m auf 1.5° C bei 7000 m abnimmt, ist auf den von der Tiefsee umgebenen Inseln auch die geothermische Tiefenstufe geringer. Sie kann sogar negativ werden, wie im Basaltschlot unter dem Bikini-Atoll, wo in 1000 m Tiefe ein Temperaturminimum von 6.4° C angetroffen wurde.

Der Erdwärmefluß schwankt von Region zu Region und ist auch keine einfache Funktion der Tiefe. Die "Wärmetreppe" in die Erde besteht also aus verschieden hohen oder flachen (geothermischen) Tiefenstufen. Dafür sorgen neben den unterschiedlichen Wärmeleitfähigkeiten der Gesteine vor allem die ungleichmäßig verteilten globalen und lokalen Wärmeproduzenten:

- der Vulkanismus mit Magma, Lava und Heißwasser,
- das Auf und Ab von zirkulierendem Wasser,
- die Oxydation von Mineralen, vor allem von Sulfiden,
- radioaktive Strahler.

Vulkanismus, Wasser und Oxydation spielen nur örtlich eine Rolle, können dort aber für erhebliche Wärmeanomalien sorgen.

Die beachtlichste wärmeerzeugende chemische Reaktion im Untergrund ist die Oxydation von Pyrit (FeS_2). Um eine ständige Temperaturerhöhung von 1 K in 2 m Tiefe eines Bodens mittlerer Wärmeleitfähigkeit ($\lambda = 1.26\ W \cdot m^{-1} \cdot K^{-1}$) aufrechtzuerhalten, genügt je 1 m^2 eine Pyritmenge von 1.7 kg/Jahr [19].

Die wichtigsten Produzenten des aus dem Inneren fließenden Erdwärmestroms sind die radioaktiven Strahler, denn ohne sie wäre die Erde längst zu einem Eisplaneten ausgekühlt. 80% der durch Radioaktivität erzeugten Erdwärme kommen aus der durchschnittlich 10 - 30 km mächtigen Erdkruste, 20% strömen aus dem darunterliegenden Erdmantel nach oben. Strahlungsquellen sind alle natürlichen Radioisotope.
Je Kilogramm bringen die kräftigsten Strahler folgende Leistungen: ^{238}U - 91 W, ^{232}Th - 25 W und ^{40}K - $3.4 \cdot 10^{-4}$ W. Wegen der unterschiedlichen Strahlungsleistungen errechnet man die radioaktive (radiogene) Wärmeproduktion *A* bezogen auf 1 m^3 Gestein aus den gewichteten Anteilen von U, Th und K.

$$A = 0.13\ d\ (0.73\ c_U + 0.20\ c_{Th} + 0.27\ c_K) \quad [\mu W \cdot m^{-3}]$$

mit d - Dichte in $g \cdot cm^{-3}$ ($10^3\ kg \cdot m^{-3}$),
c_U, c_{Th} - Anteile von ^{238}U und ^{232}Th in ppm,
c_K - Anteil von ^{40}K in %.

Im einzelnen resultieren daraus gesteinsspezifische Mittelwerte für die Wärmeproduktion (in $\mu W \cdot m^{-3}$):

Granit	3,
Schiefer	0.5,
Quarzit	0.4,
Basalt	0.1.

Diese seit Jahrmillionen anhaltende natürliche Energieerzeugung hat schier unerschöpfliche Wärmevorräte in der Tiefe geschaffen. Allein bei der Abkühlung von 1 km^3 glutflüssiger Lava von 1400° C auf 20° C warmen Basalt wird die Energie von $6 \cdot 10^{18}$ Joule frei. Diese Wärmemenge entspricht dem Heizwert von 1 Milliarde Tonnen Braunkohle, viermal soviel, wie jährlich in Deutschland alle Tagebaue insgesamt fördern. In den obersten 5 km der Erdkruste stecken Wärmevorräte von etwa 10^{20} kWh.

Bei der Betrachtung der natürlichen radioaktiven Erwärmung der Erdkruste interessiert zum Vergleich auch die mögliche Aufheizung von Endlagern des vom Menschen deponierten radioaktiven Mülls. Diese HAW (engl. high active waste: hochaktive Abfälle) fallen nicht nur beim Betrieb von Kernkraftwerken an, sondern sind auch lästiges Nebenprodukt von Medizin, Technik und Wissenschaft. Ihre Endlagerung in Meer, Polareis oder Welt-

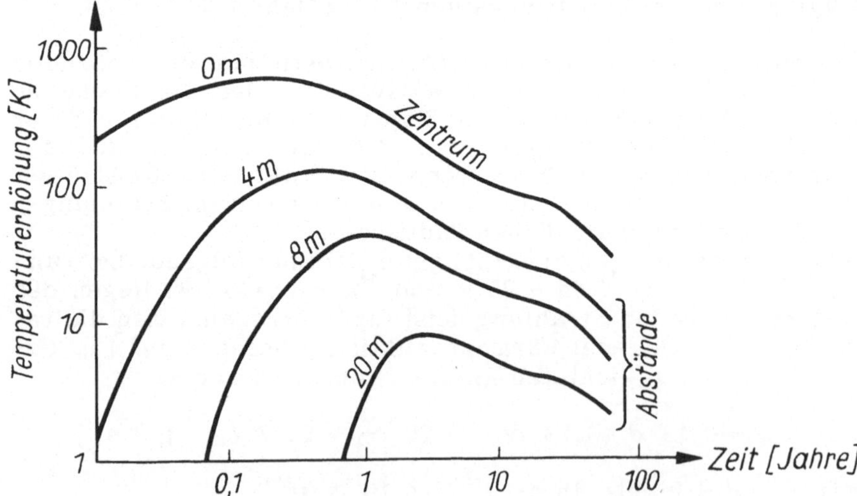

Abb. 48 Temperaturerhöhung durch radioaktive Abfälle in einer Kaverne mit 4m Durchmesser [19]

raum erscheint problematisch, dagegen birgt die Versenkung in die Tiefen der Erdkruste hinter unzerklüftete Mehrfachbarrieren von Steinsalz und Anhydrit kein Strahlungsrisiko. Völlig unproblematisch scheint die bei der Endlagerung zu erwartende Aufheizung des Nebengesteins. So sollen bei Gorleben (Niedersachsen) in 54 Bohrungen von 850 bis 1100 m Tiefe Container mit hochaktiven Abfällen in einen Salzstock versenkt werden. Nach etwa 100 Jahren wird die maximale Temperaturerhöhung im Endlager 150 K erreichen (Abb. 48). Die Strahlung und damit die Erwärmung klingt allmählich ab und beträgt nach 1000 Jahren noch 60 K. Außerhalb des Steinsalzes wird ca. 600 m über dem Endlager im Gipshut des Salzstocks eine maximale Temperaturerhöhung von 4 K zu beobachten sein.

Ein Maß für den Wärmetransport ist die Wärmeleitfähigkeit. Man bezeichnet sie mit λ und versteht darunter die Wärmemenge, die je Sekunde durch eine 1 m dicke Platte mit 1 m^2 Querschnitt fließt, wenn zwischen den Stirnseiten der Platte ein Temperaturgefälle von 1 K herrscht. Demnach beträgt ihre Maßeinheit Watt pro Meter und Kelvin ($W \cdot m^{-1} \cdot K^{-1}$ oder $J \cdot s^{-1} m^{-1} K^{-1}$). Quarz und Steinsalz fallen durch hohe Werte auf (λ größer 5), während sich Luft durch extrem niedrige Leitfähigkeiten auszeichnet (λ=0.025). Quarzreiche, helle Gesteine wie Granit leiten die Wärme besser als basische, dunkle wie Basalt oder Syenit. Gleiches gilt für kompakte Festgesteine im Vergleich zu porösen, klüftigen

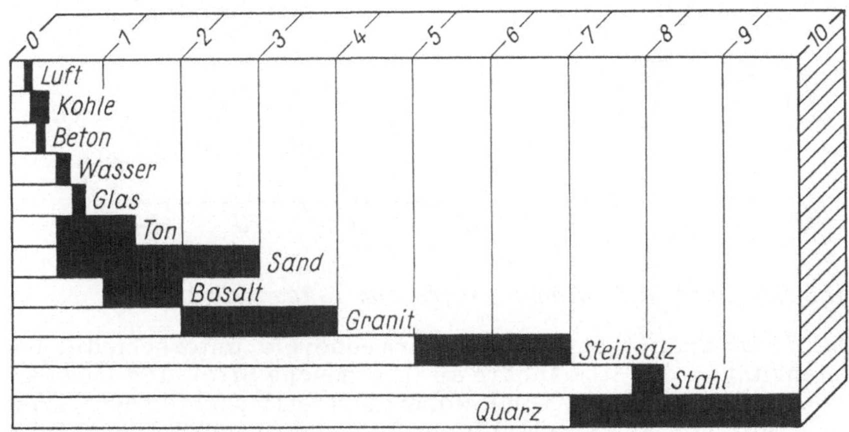

Abb. 49 Wärmeleitfähigkeiten (in $W \cdot m^{-1} \cdot K^{-1}$)

Lockersedimenten (Abb. 49). Mit steigender Temperatur fällt die Wärmeleitfähigkeit. Ein auf 1000° C erhitzter Granit leitet die Wärme etwa 3 mal schlechter als ein Granit bei Zimmertemperatur (λ= 0.8 gegenüber λ= 2.2). Dagegen steigt mit wachsendem Druck die Wärmeleitfähigkeit an.

Der Wärmetransport aus der Tiefe kommt nur relativ langsam voran. Eine mehrere Meter dicke Gesteinsplatte ist erst nach Jahren durchflossen, kilometerweite Wege sind nach Jahrmillionen zurückgelegt. Dringt beispielsweise Magma aus dem tieferen Erdmantel bis an die Untergrenze der Erdkruste bei etwa 40 km auf, so verursacht es in der Umgebung eine wellenförmige Temperaturstörung, deren Ankunft an der Erdoberfläche erst nach mehr als 13 Millionen Jahren einsetzt (Temperaturleitfähigkeit $a = 8 \cdot 10^{-5} m^2 s^{-1}$).

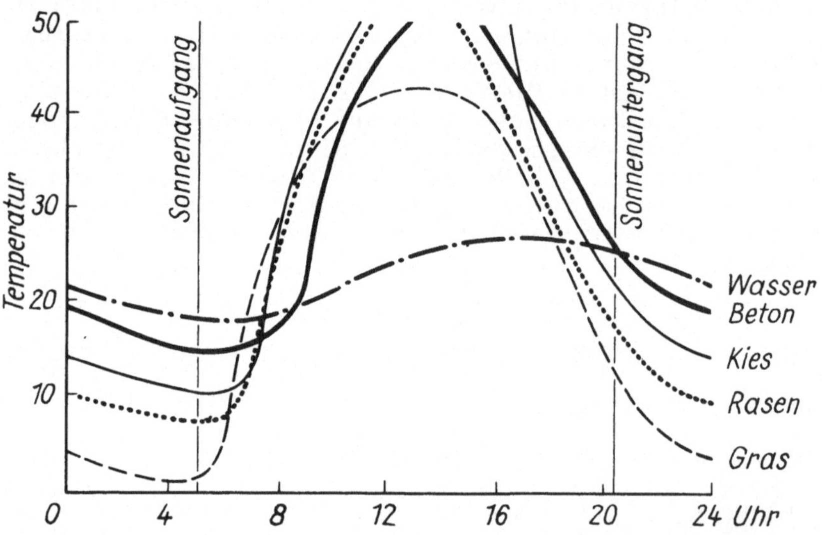

Abb. 50 Oberflächentemperaturen im Tagesverlauf [20]

Die feste Erde gibt ständig Wärmeenergie unterschiedlicher Intensität an die Atmosphäre ab (thermische Strahlung im elektromagnetischen Spektrum), wobei die Oberflächentemperaturen nicht nur von der Einstrahlung abhängen, sondern auch sehr stark vom erwärmten Material. Reflexionsfähigkeit des Sonnenlichts (Albedo), Wärmeleitfähigkeit und Wärmeaufnahme prägen das Bild der Temperaturabstrahlung der Gesteine. Basalt absorbiert stark und leitet Wärme schlecht, deshalb erfolgen schnelle Erwärmung, höhere Abstrahlung und geringere Speicherung sowie schnelle Abkühlung nach Wegfall des Sonnenlichts. Granit reflektiert stark und leitet gut, erwärmt sich langsamer und strahlt dabei weniger ab. Daher speichert Granit auch besser unter der Oberfläche und gibt die Wärme langsamer ab. Im gleichen Aufnahmegebiet sind am Tage die Basalte, in der Nacht aber die Granite wärmer. Rauhe Gesteine absorbieren stärker und strahlen nach Sonnenuntergang schneller ab, was zu kräftigerer Abkühlung vor Sonnenaufgang führt. Wasseranteil im Gestein führt tags zu erhöhter Wärmeaufnahme und nachts zu stärkerer Abstrahlung, wodurch in der Temperaturkurve ein ausgeglichener Gang entsteht(Abb. 50).

Normiert man die Wärmeleitfähigkeit λ auf die spezifische Wärmekapazität c und die Dichte d, so erhält man die Temperaturleitfähigkeit a:

$$a = \frac{\lambda}{c \cdot d} \quad [m^2 s^{-1}].$$

Sie gibt die Temperaturänderung pro Zeit an, ist also ein Maß für die "Temperaturgeschwindigkeit", für die Schnelligkeit des Erwärmens oder des Abkühlens eines Körpers an einem bestimmten Punkt. In Größenordnungen betrachtet verhalten sich dabei

Metall : Gas : Gestein : Flüssigkeit wie 1000 : 100 : 100 : 1.

Suche nach heißen Flecken

Das Aufspüren von Wärmeanomalien der Erde scheint das einfachste geophysikalische Verfahren zu sein. Man benötigt nur ein Thermometer. Aber es gibt doch einige Randbedingungen zu beachten. Zunächst ändern sich die Temperaturen in der festen Erde nicht so turbulent wie in der Atmosphäre, und man muß in der Regel schon auf 0.01 K genau messen, um Temperaturverteilungen in Gesteinen sicher orten zu können. Damit sind die meisten handelsüblichen Quecksilberthermometer überfordert. Für Platin- und Halbleiter(NTC)-Widerstandsthermometer ist dies kein Problem, und es wird durch die elektrische Messung auch Fernübertragung möglich. Die Meßapparatur ähnelt äußerlich eher einem Kofferradio: tragbar, robust, wasserdicht und netzunabhängig.

Datenübertragung ist notwendig, da die Temperaturen an der Erdoberfläche durch die tägliche Sonneneinstrahlung, durch die Vegetation und vom Wetter beeinflußt werden. Die Meßfühler müssen in die Erde gebracht werden, denn erst in Tiefen von mindestens 1-2 m herrschen ausgeglichene Temperaturen. Die Löcher zu bohren oder zu schlagen bedeutet weiteren Aufwand, und viel Zeit geht auch verloren, da sich erst nach mehreren Stunden Anpassung ein Temperaturausgleich im Bohrloch einstellt.
Ein Bild über die großräumigen regionalen und globalen Wärmeströmungen erhält man nur durch Messungen in kilometertiefen Bohrungen und Bergwerken. Rund 6000 solcher Temperaturmeßstellen sind in die Wärmeflußkarte der Erde einbezogen worden. Der Wärmestrom wird jeweils aus dem vertikalen (meist 2-20 m) Temperaturgefälle in der Erde und der Wärmeleitfähigkeit von Gesteinsproben errechnet. Erst wochenlange Standzeiten garantieren Temperaturmessungen, die vom Bohrvorgang und vom Einfluß der Bohrspülung unabhängig sind. Der Wärmestrom der Erde spiegelt die Verbreitung der großen tektonischen Blöcke der Erdkruste wider und weist auf die Regionen hin, die am besten für die geothermische Energiegewinnung geeignet sind.

Temperaturmessungen über der Erde - am Erdboden, aus der Luft oder aus dem Kosmos - sind nur indirekt dank der infraroten Wärmestrahlung sinnvoll. Die Infrarot (IR) - Thermographie nutzt Frequenzen im Bereich von etwa 10^{12} bis 10^{13} Hz, was Wellenlängen zwischen 30 µm bis 0.3 mm entspricht (langwelliges oder fernes Infrarot).

IR-Strahlungsdetektoren enthalten als Sensoren entweder Strahlungsthermoelemente oder Fotodetektoren. Herzstück der ersteren ist ein temperaturabhängiger Widerstand. Die Geräte sind leicht, handlich und tragbar. Günstige Meßbedingungen herrschen früh vor Sonnenaufgang, möglichst bei wolkenlosem Himmel. Dann herrscht eine gewisse Temperaturstabilität, und die Böden strahlen in charakteristischer Weise die Wärme ab.

Fotodetektoren nutzen den inneren Fotoeffekt von Halbleiterwiderständen. Bei Absorption von elektromagnetischer Strahlung werden in den Halbleitern elektrische Ladungen freigesetzt, deren Menge als Stromfluß meßbar ist. Die Geräte müssen auf 70 K bis 10 K gekühlt werden, arbeiten mit Zeitkonstanten kleiner 1 µs und registrieren bereits Strahlungsleistungen von 10^{-11} W.

Es wäre mühsam, Temperaturverteilungen an der Erdoberfläche punktweise durch Einzelmessungen manuell aufzuzeichnen, denn Bilder sind gefragt, flächendeckende Thermogramme. Sie entstehen entweder in Wärmebildkameras durch fotografische "Belichtung" von infrarotempfindlichem Film oder durch elektronische Abtastung nach dem Scanner-Prinzip. Im IR-Scanner (engl. to scan: abtasten) arbeiten Systeme, die die infrarote Strahlung (meist 2.5 - 5 µm) mittels einer beweglichen Optik (rotierender oder schwingender Spiegel) zeilenweise aufnehmen und zu einem Detektor reflektieren. Dort entsteht ein elektrischer Impuls, der auf Film oder auf einem elektrischen Datenträger abgespeichert wird. Die zeilenweise abgetastete Erdoberfläche kann dadurch sofort oder nach Funkübertragung wieder als Bild rekonstruiert werden. IR-Scanner kommen bevorzugt in Flugzeugen und Satelliten zum Einsatz. Sie arbeiten meist mit Bildfrequenzen von 25 Hz und lösen bei Objekttemperaturen von 30° C Temperaturunterschiede von 0.1 bis 0.2 K noch sicher auf.

Geothermische Messungen - ob in der Erde oder aus der Luft - können in vielfältiger Weise zur Klärung des geologischen Baus oder zur Lösung ingenieurtechnischer Probleme beitragen. Verdeckte *Gesteinsgrenzen* - wie zwischen Kalk und Granit - oder verhüllte Bruchstörungen spiegeln sich im Temperaturbild an der Erdoberfläche wider. Über unterirdischen Salzaufpressungen (Salzstöcke, Salzdome) werden häufig deutliche Temperaturerhöhungen gemessen. Auf Grund der guten Wärmeleitfähigkeit des Salzes bleibt die Temperaturdifferenz zwischen "unten" und "oben" niedrig, denn die Wärme strömt wie in einem Kamin aufwärts und verursacht in der schlecht leitenden Deckschicht einen Stau, eine positive Wärmeanomalie.

Aufsteigendes warmes *Grundwasser* oder gar Thermalquellen erwärmen ihre Umgebung und können thermometrisch gesucht und geortet werden (Abb. 51). Sie sind häufig an Bruchspalten im Festgestein gebunden, aber durch Lockermassen verdeckt (Abb. 52). Die Austrittsstellen und damit die Aufstiegskanäle erkennt man in der Wärmekarte als heiße Flecken.

Ähnliche, wenn auch meist schwächere Wärmeeffekte entstehen über oxidierenden *Erzen*, wie sulfidischen Kupfererzen, aber auch Blei-Zink-Vererzungen. Oberflächennah lagernde Kohleflöze oder Graphitvorkommen neigen auf Grund exothermer chemischer Reaktionen ebenfalls häufig zu Wärmeanomalien. Selbst über tiefliegenden Erdöllagerstätten (beispielsweise im Feld

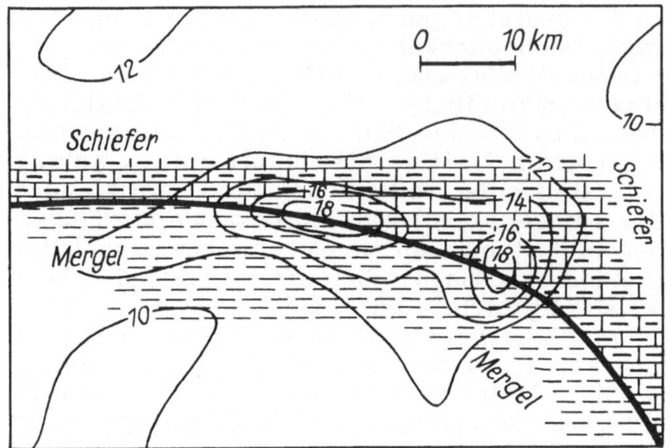

Abb. 51 Bodentemperaturen [°C] in 1m Tiefe im Bereich von Thermalquellen [21]

Michailovsk des Dnepr-Donezk-Gebietes) wurden Temperaturerhöhungen von 1.5 bis 2 K gemessen, deren Ursache die mikrobiologische Oxydation von Kohlenwasserstoffen sein soll.

Zunehmend kommen geothermische Untersuchungen auch im *Ingenieurbau* und *Bergbau* und beim *Umweltschutz* zum Einsatz. Hinweise auf entstehende Rutschungen an Böschungen von Braunkohletagebauen oder Verkehrswegen oder an Halden können im Wärmebild rechtzeitig erkannt werden, da bereits vorher meist winzige Risse und Spalten aufbrechen. Diese sind zwar mit dem bloßen Auge nicht sichtbar, öffnen aber einem Wärmestrom aus dem Inneren des Rutschkörpers die Wege.

Luftseitige Staumauern von Talsperren, auch Dämme und Deiche, werden mit Wärmebildkameras auf Leckstellen und Unterläufigkeit kontrolliert, da fließendes oder sickerndes Wasser in der Regel Temperaturänderungen mit sich bringt. Die technisch immer leistungsfähigere IR-Thermographie erschließt ständig neue Anwendungsgebiete: Überwachung von *Deponien* auf chemische Reaktionen, Suche von untertägigen Hohlräumen (alte Schächte oder Stollen) als Anomalien im Erdwärmestrom, Erkennung von verdeckten Grundmauern historischer Bauwerke *(Archäologie)*, Kontrolle auf Leckstellen an unterirdisch verlegten

Abb. 52 Bohrlochmeßgerät an einer Grundwasserbohrung [23]

Wärmeleitungen, Gefahrenprognose für *Thermalzonen* (Island, Ägäis, Toskana, Yellowstone) und aktive Vulkangebiete (Ätna, Hekla [Island], St. Helens, Merapi [Java], Nios, Kamtschatka, Kurilen, Hawaii,...).

Augen aus dem All - die Geofotografie

Am Anfang der Ballon ...

Die erste Fotografie aus der Luft, und zwar aus der Gondel eines Freiballons, gelang dem Franzosen Tournachon im Jahre 1858. Bereits drei Jahre später konnte man in Paris den ersten Stadtplan kaufen, der aus einzelnen Luftbildern zusammengefügt war. Die Schrägaufnahmen der an Ballons montierten Kameras hatten eine so gute Qualität, daß daraus ein zuverlässiger Plan im Maßstab 1:6666 entstand.

Das Luftschiff und seit etwa 1900 auch das Flugzeug eröffneten kaum erahnte Perspektiven für die fotografische Aufnahme der Erde von oben. An eine zielgerichtete geowissenschaftliche Interpretation war allerdings noch lange nicht zu denken. So nimmt es auch nicht Wunder, daß noch im Jahre 1927 die Worte des russischen Geochemikers und Mineralogen A.S. Fersman (1883-1945) Aufsehen erregten, als er schrieb: "Ich möchte wünschen, daß das Flugzeug bei der geologischen Forschung ein ebenso wertvolles Hilfsmittel werden möchte, wie das ... Mikroskop".

1957 begann mit Sputnik 1 eine neue Ära der Erderforschung, die Geofernerkundung vom Satelliten. Bereits Anfang der 60er Jahre umkreisten die ersten Wettersatelliten unseren Planeten, und rasch entstand ein operatives Wettersatellitensystem zur Beobachtung der Wolkenbildung und -bewegung, zur Verfolgung der Zugbahnen von Tiefdruckwirbeln...

Die systematische Bildaufnahme der Erdoberfläche zu geowissenschaftlichen Zwecken begann 1972 durch ERTS, den Earth Resources Technology Satellite. Dieses Projekt ging 1975 in das LANDSAT-Programm über, die systematische, flächendeckende, hochauflösende Bildbemusterung der Erde aus dem Kosmos. Zum Einsatz kommen seitdem nicht nur optische Filmkameras, sondern auch Apparaturen mit automatischer elektronischer Objektabtastung: Televisionskameras und Scanner. Elektronische Bildaufnahme und -übertragung zur Erde per Funk ermöglicht langlebige unbemannte Missionen,und die multispektrale Auflösung der Sensoren garantiert kontrastreiche Bildinhalte.

Die Fernerkundung aus dem Kosmos – mehrere hundert Kilometer über der Erdoberfläche – kann kein alleiniger Ersatz für die bewährten Luftbildaufnahmen aus lediglich einigen Kilometern Flughöhe sein. Vom Flugzeug gelingen Aufnahmen mit besserer geometrischer Auflösung, und der operative Einsatz, also die kurzfristige, zielgerichtete Befliegung, ist leichter zu verwirklichen. Nicht nur für die Erkundung geologischer Strukturen,

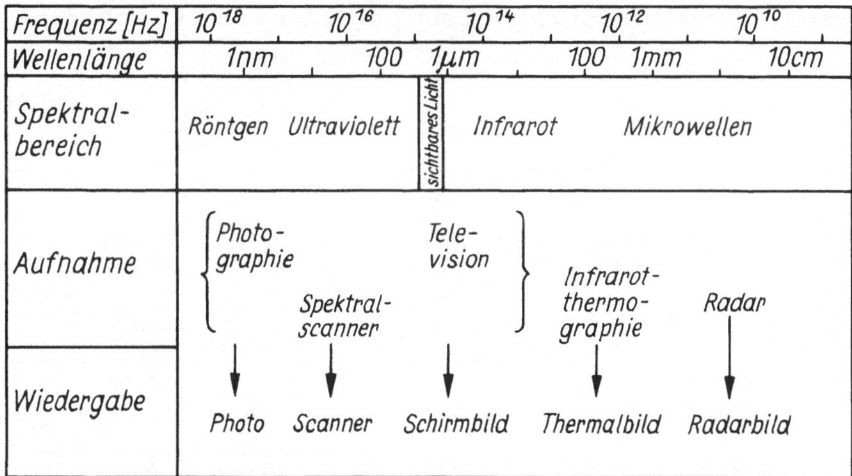

Abb. 53 Elektromagnetische Spektralbereiche und Verfahren der Geofernerkundung

sondern auch für die Überwachung und Kontrolle technischer, landwirtschaftlicher und umweltbezogener Prozesse sind Luftaufnahmen aus geringer Höhe unverzichtbar.

Die Deutung und Bewertung von Kosmos- oder Luftbildern führt umso sicherer zum Erfolg, je mehr "konventionell" am Boden aufgenommene Informationen in den Interpretationsprozeß einfließen können.

Rings um das Sonnenlicht

Um ein Bild aufzunehmen, braucht man Licht. Die Belichtung des Objektes Erde gelingt nur mit Hilfe der Sonne. Unser Zentralgestirn sendet bei etwa 6000 K Oberflächentemperatur eine elektromagnetische Strahlung aus, die bei 0.47 µm Wellenlänge ein Maximum aufweist. Zwischen 0.4 µm und 0.7 µm empfinden wir die

Sonnenstrahlung dank der Empfindlichkeit des menschlichen Auges als sichtbares Licht (Abb. 53).

Die Intensität der elektromagnetischen Sonnenstrahlung an der Erdoberfläche – und somit das Belichtungsverhältnis für unsere fliegenden Kameras – hängt wesentlich von der Durchlässigkeit der Erdatmosphäre ab. Nach kleineren Wellenlängen hin (Ultraviolett) nimmt sie schnell ab, nach größeren Wellenlängen (Infrarot, Wärmestrahlung) geht sie langsamer zurück (Abb. 54).

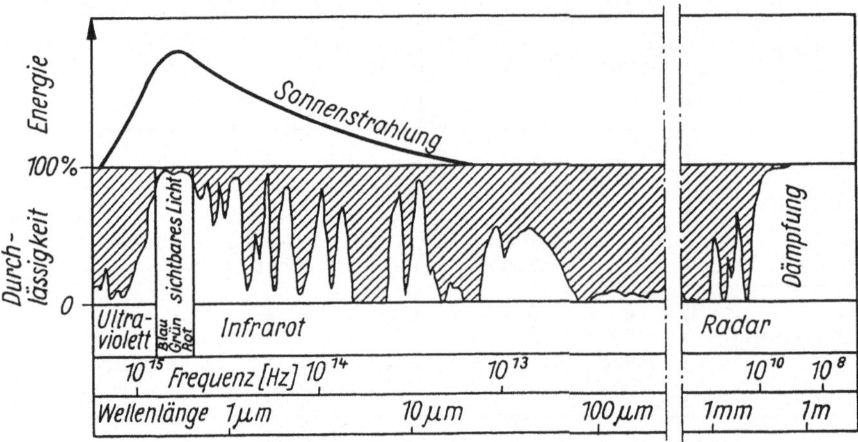

Abb. 54 Elektromagnetische Spektralbereiche und Durchlässigkeit der Erdatmosphäre

Die im vorigen Kapitel behandelte Thermographie nutzt zur Bildgewinnung die infrarote Rückstrahlung des erwärmten Erdbodens in die Atmosphäre, vor allem das lichtfernere langwelligere Infrarot. Das unmittelbar an das sichtbare Licht bis etwa 1.2 µm Wellenlänge anschließende kurzwellige Infrarot wird von den lichtempfindlichen Fotoplatten der Kameras und den elektronischen Sensoren in der Regel mit eingefangen und wiedergegeben, so daß wir dieses dem sichtbaren Licht im Spektrum benachbarte Infrarot hier unter Fotografie statt unter Thermographie behandeln.

Auf die Erdoberfläche treffende Sonnenstrahlung wird spiegelnd oder diffus zurückgeworfen (Reflexion) oder verschluckt (Absorption) (Abb. 55). Absorbierte Strahlungsenergie wandelt sich im Boden in Wärme und trägt zur Erhöhung der Bodentemperatur

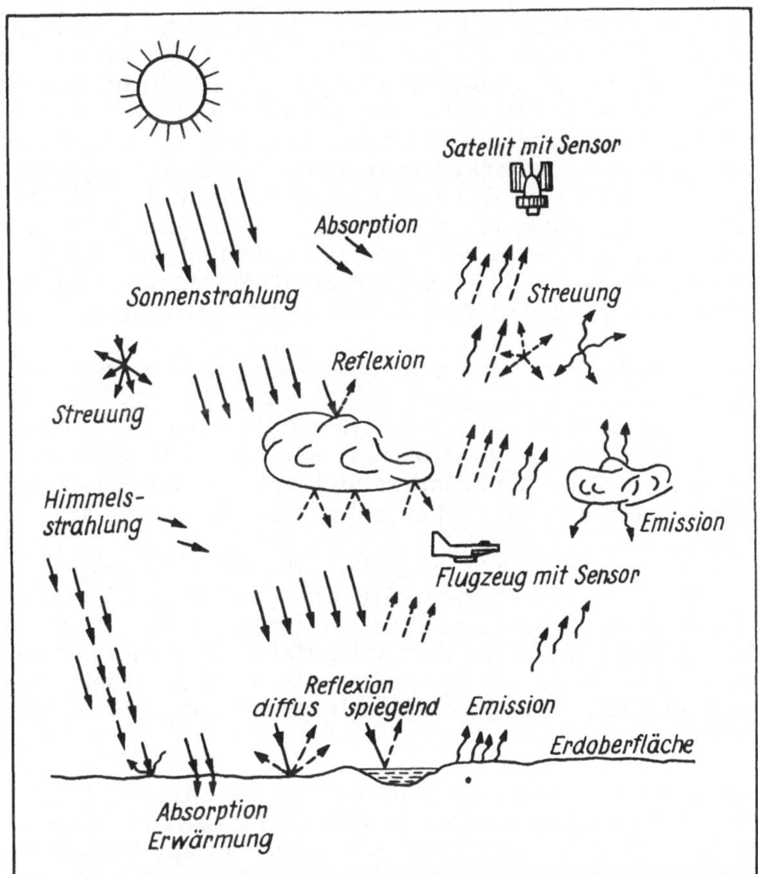

Abb. 55 Reflexion, Streuung und Absorption der Sonnenstrahlung in der Erdatmosphäre und an der Erdoberfläche [20]

bei oder wird wieder als Wärme in die Atmosphäre abgestrahlt (Emission).

Reflektierte und emittierte Strahlung sind die Informationsträger für die Geofotometrie. Weil diese Strahlung nur millimetertief in den Boden eindringen kann, wird damit zwingend klar, daß die Fernerkundungskameras auch nicht "in die Erde hineinsehen" können. Rückschlüsse auf die Zustände in der Tiefe lassen sich daher nur auf indirektem Wege aus der Oberflächenbeschaffenheit ziehen.

Ein Material, ein Gestein, erscheint farbig, wenn es im sichtbaren Licht nur einen Teil der einfallenden Strahlung reflektiert und den Rest absorbiert. Ganz allgemein sind die Wechselwirkungen zwischen Strahlung und Materie wellenlängen- und stoffabhängig, so daß das materialbezogene Spektralverhalten den Schlüssel zur geologischen Fernerkundung gibt. Es erzeugt typische Signaturen in den Bildern der Gesteine, der Böden, der Gewässer, des Pflanzenwuchses. Jedes Gestein offenbart so sein "eigenes Gesicht", und der erfahrene Geologe versucht, daraus auf Oberflächenbeschaffenheit, Farbe, Porosität, Festigkeit, Feuchtigkeit, Mineralbestand und Vorgeschichte zu schließen.

Gesteine und Böden absorbieren die Strahlung stärker, wenn sie dunkel, feucht oder kompakt statt hell, trocken, locker, klüftig, angewittert oder porös sind. Starke Absorption bedeutet hohes Wärmespeichervermögen, gleichzeitig weniger Reflexion und mehr Emission. Ein dunkler Basalt sendet im Gegensatz zu einem hellen Granit weniger Licht-, aber mehr Wärmestrahlung aus.

Da die Reflexions- und Emissionseigenschaften der Gesteine von der Wellenlänge der auftreffenden Strahlung abhängen, beginnt die Kunst der Fernerkundung schon bei der Bildgewinnung mit der Wahl der richtigen Spektralbereiche. Man sollte immer solche Wellenlängen aufnehmen, bei denen die untersuchten Objekte im stärksten Kontrast zur Umgebung reflektieren und/oder emittieren.

Störfaktoren behindern die Interpretation von Luft- und Kosmosbildern, denn Vegetation und Landnutzung maskieren nicht selten die Gesichter der Gesteine und Böden bis zur Unkenntlichkeit. Die Atmosphäre mit Wolken, Feuchtigkeit und Luftverschmutzung verfälscht die Meßwerte. Schließlich führt der Tageslauf der Sonne zu ständig wechselnder Intensität und Einfallsrichtung der Strahlung, wodurch die Objekte im wahrsten Sinne des Wortes immer wieder in einem anderen Licht erscheinen.

Fliegende Kameras

Fotografie, Television und Scanning sind die wichtigsten Aufnahmetechniken der Geofotometrie. Bei der fotografischen Aufnahme fällt das Licht nach Passieren einer strahlenbündelnden Optik auf einen Film, wobei der Standard- Luftbildfilm auf Wellenlängen zwischen 0.5 und 0.9 µm reagiert und Schwarzweißfotos liefert. Durch Vorsatz farbiger Lichtfilter entstehen kontrastreichere Bilder.

Hochempfindliche Farbfilme wurden eigens für Satellitenkameras entwickelt. Falschfarbenfilme sind bis ins unsichtbare kurzwellige Infrarot (1.2 µm) aufnahmefähig und geben dieses auf den Bildern als sichtbares kräftiges Rot wieder. Dadurch gelingt beispielsweise die Darstellung und Bewertung des Vegetationszustandes. Gesunde Pflanzen sind reich an infrarotstrahlendem Chlorophyll, zerfallendes Chlorophyll verschluckt dieses. Rot hervortretende Anbauflächen signalisieren üppigen Pflanzenwuchs.

Schwarzweißaufnahmen mit verschiedenen Film-Filter-Kombinationen sind das Ausgangsmaterial der Farbsynthese auf Multispektralbasis. So werden mit der Kamera MKF-6 sechs getrennte, geometrisch deckungsgleiche Schwarz/Weiß-Negative im Format 55 x 80 mm belichtet (4mal 0.42-0.7 µm; 2mal 0.7-0.8 µm). Die elektronische (synthetische) Mischung der verschiedenfarbigen Bildinhalte liefert künstliche Farbdarstellungen zur kontrastreichen Hervorhebung der gewünschten Objekte an der Erdoberfläche.

Die Fotografie aus dem Kosmos bietet den Vorteil höchster Bildauflösung bis in den Meterbereich und ausgezeichneter geometrischer Genauigkeit. Als Nachteil muß man die verzögerte Zugriffszeit in Kauf nehmen, weil Flugzeug, Raumtransporter oder Shuttle das belichtete Filmmaterial erst zur Erde bringen müssen.

Dieser Nachteil entfällt bei der Television, denn die Bilder werden in Echtzeit oder mit vorprogrammierter Verzögerung per Funk zur Bodenstation übertragen. Telekameras arbeiten ebenfalls im sichtbaren Bereich und im nahen Infrarot,wobei die Aufnahme wie beim Fotografieren aus starrer Zentralperspektive erfolgt. Die vom Objekt ausgehende Strahlung fällt nach Fokussierung per Linsensystem auf eine strahlungsempfindliche Fläche und erzeugt dort ein elektrisches Ladungsmuster, das von einem Elektronenstrahl abgetastet wird. Je nach Helligkeit entstehen Spannungsimpulse, die im Satelliten digitalisiert und zeilenweise zur Erde gefunkt werden. Dort erfolgen dann die elektronische Bildzusammenstellung und bei Bedarf die fotografische Reproduktion.

Dem bereits erwähnten Vorteil der Liveübertragung stehen die geringere Bodenauflösung und die geminderte geometrische Genauigkeit gegenüber. Die für globale Wetterbeobachtungen ausreichende Objektwiedergabe mit einigen 100 m Auflösung reicht in der geologischen Erkundung meist nicht aus. Hier sind Bildschärfen bis mindestens 30–10 m gewünscht.

Die Wirkungsweise des Scanning wurde bereits im Kapitel Geothermie beschrieben (zeilenweiser Bildaufbau durch ein mechanisch bewegtes Abtastsystem). Neben den mechanischen Scannern kommen neuerdings auch starre Scanner zum Einsatz, bei denen die Abtastung von mehreren Tausend in Reihe geschalteten Halbleiterdetektoren ausgeführt wird (Pushbroom-Scanner). Ihre projektierte Lebensdauer liegt mit über 10 Jahren weit über der Einsatzzeit mechanischer Scanner. Der gegenwärtige Nachteil der Scanner gegenüber den Fotokameras besteht in der noch geringeren Bodenauflösung von etwa 30 mal 30 m. Unbestrittene Vorteile bieten Echtzeitbetrieb, digitale Bearbeitung, elektronisches Multispektralprocessing und mosaikartige Bildkombination.

Dank besserer Übersicht ...

Porträts der Erde aus der Luft und aus dem Kosmos geben Auskunft über Zustand und Veränderung aller Erdsphären. Hier sollen nicht Lufthülle, Wasserhülle, Ökologie oder Vegetation betrachtet, sondern nur die geologischen Aussagen über die feste Erde etwas näher vorgestellt werden. Grautöne, Farben, Striche, Kurven und Texturen fügen sich auf Satellitenbildern gleichsam wie zu schwierig entwirrbaren Schnittmusterbögen zusammen. Der Geologe versucht, System in dieses scheinbare Durcheinander zu bringen und ordnet vorrangig nach Linienelementen und Rundstrukturen.

Längslinien deuten auf *Brüche* in der Erdkruste hin. Bilder aus dem All zeigen die großen Bruchlinien durch Kontinente und Ozeane und ihre am Boden unsichtbaren Fortsetzungen, wie aus dem kalifornischen San-Andreas-Tal, aus dem Roten Meer, aus dem Baikal, vielleicht auch vom Arabischen Golf bis zum Ural. Längs der tiefreichenden Brüche reihen sich häufig perlschnurartig die Aufstiegswege von erzhaltigen Lösungen aneinander. So wurden neue Erzlagerstätten im Gebiet des Great Slave Lake (NW-Kanada) per Satellit erkannt. Bruchkreuzungen signalisieren besondere Erdbebengefährdung (Armenien, Taschkent, Japan).

Die Fernerkundung kann natürlich nur indirekte Hinweise auf mögliche Epizentren geben, so daß die Erdbebenvorhersage nach Ort, Zeit und Stärke - obwohl dies immer wieder gewünscht wird - allein aus Satellitenbildern nicht möglich ist.

Gesteinsgrenzen, vorzugsweise zwischen Kristallin und Sediment, werden von oben häufig schneller und sicherer erkannt und vermessen, als dies ganze Trupps von kartierenden Geologen am Erdboden könnten. Basalt, Granit, Phyllit, Gneis und Grauwacke erzeugen durch ihr kristallines Mineralgefüge typische Grauwertkombinationen auf Satellitenbildern. Der geübte Interpretator kann diese Muster von denen sedimentärer Ablagerungen unterscheiden (Schuttfächer, Sandflächen, Dünen, Sandstein, Tonstein, Kalkstein). Die Satellitenbefliegung unwegsamer Regionen der Erde hat zur schnellen und effektiven Herstellung geologischer Karten vieler bislang "weißer" Flecken auf dem Globus geführt (Hochland von Äthiopien, Saudi-Arabien, Oman-Gebirge, West-Australien).

An den Rändern kristalliner Gesteinskomplexe - bevorzugt an Granitplutonen - sind häufig Erze angereichert. Die Geofernerkundung lieferte entscheidende Hinweise zur Entdeckung von Uran (Wyoming,USA), Zinn (Nordost-Iran), Nickel (Manitoba, Kanada), Gold, Platin, Diamant (Südafrika), Kupfer (Ural, Rußland) und Erdöl (Petschora-Senke, Rußland), um nur einige Beispiele zu nennen.

Nicht nur die Gesteinsgrenzen, sondern auch *Gesteinsarten* hinterlassen ihre Spuren auf Satellitenfotos. Meist geschieht dies indirekt in Gestalt des Gewässernetzes. Für tonige Gesteine sind direkte, fein verästelte Fluß- und Bachsysteme typisch. Besser durchlässige, grobe Sedimente verfügen über ein weniger dichtes Gewässernetz. Sandstein und Kalkstein neigen mit zunehmender Festigkeit zu Kluft- und Bruchsystemen und damit zu einem stark richtungsgebundenen Entwässerungsnetz. Grundmoränen verursachen durch lokale Feuchtigkeitsansammlungen rundliche dunkle Flecken im Satellitenbild. Bei kristallinen Gesteinen nimmt die Verwitterungsbeständigkeit von den Metamorphiten über die Ergußgesteine bis zu den Tiefengesteinen ab, was sich wiederum in einem dichteren Gewässernetz bemerkbar macht.

Manchmal gelingen auch Aussagen zum *Schichtenbau* der obersten Erdkruste. Aus Reflexionsmessungen wurde per Satellit die Mächtigkeit und Festigkeit des Flugsandes von Saharadünen über kristallinem Grundgebirge bestimmt.

Die im *Faltenbau* der Gebirge versteinerten Bewegungen erdgeschichtlicher Vergangenheit lassen sich aus gekrümmten und verschlungenen Kurvenformen herauslesen (Appalachen, Tienschan, Himalaja), wodurch das Verständnis des komplizierten aktuellen tektonischen Aufbaus der Erde wesentlich erleichtert wird.

Erkundung von *Grundwasser* per Satellit ist keine Utopie. Beispielsweise hebt Grundwasserstau den Grundwasserspiegel und erhöht die Bodenfeuchtigkeit. Aus dem großflächigen Satellitenbild können unter günstigen Bedingungen unter Einbeziehung von Bodeninformationen Ansatzpunkte für Brunnenbohrungen abgeleitet werden (San Mateo, Kalifornien). In der Pampa Argentiniens bilden sich in Geländesenken ohne Oberflächenabfluß (Bajos genannt) unterirdische Süßwasserreservoirs, für deren Erkundung im Durchschnitt etwa 80 Bohrungen auf 100 km^2 niederzubringen sind. Dank Fernerkundung mittels LANDSAT und SKYLAB-Missionen wurden Änderungen der Bodenfeuchte und Vegetation in den Grau- und Farbtönungen der Satellitenbilder sichtbar. Daraus ließen sich dann gute Übersichtskarten der flächenhaften Verteilung dieser Bajos ableiten, so daß 75% der ursprünglich nötigen Bohrungen zur Ermittlung der Tiefe und der Vorräte des Grundwassers eingespart wurden.

Ein besonderes Phänomen des Erdkörpers sind die großräumigen, erst durch Satellitenfotos bekanntgewordenen *Ringstrukturen* (auch Rund- oder Ovalstrukturen). Sie deuten auf unterirdische Hebungen, Senkungen oder Materialaufpressungen hin, die sich als mehr oder weniger kreisförmige Bruchstrukturen bis an die Erdoberfläche durchpausen. Man hat sie auf allen Kontinenten gefunden. Oft gehen sie von Intrusionen porphyrischer oder granitischer Magmen aus und führen Kupfererze und Buntmetalle (Südural, Issyk-Kul, Jakutien, Ostsahara, Südafrika, Mauretanien). In großen Sedimentbecken sind sie häufig die Anzeiger des auf Grund seiner geringeren Dichte und seiner Plastizität heraufgepreßten Zechsteinsalzes. Diese Salzwanderung schleppt verschiedentlich poröse, erdölführende Gesteinspakete mit nach oben. Auf Grund von Satellitenaufnahmen sind solche Erdöl-Erdgas-Lagerstätten im Iran und in Turkmenien gefunden worden. Ringstrukturen können auch Zeugen vergangener Meteoriteneinschläge sein, also Überreste von Einschlagkratern, sogenannten Impaktstrukturen. Auf LANDSAT-Bildern wurde ein derartiges Gebilde bei Araquainha in der Provinz Mato Grosso (Zentralbrasilien) gefunden. Eine Expedition zu dieser 40 km breiten Ringstruktur fand dann auch deutlich schockmetamorphe Gesteine.

Ein markantes Rundgebilde in Sachsen ist beispielsweise die Rundstruktur Kirchberg im Westerzgebirge. Verursacht wird dieses 10 km * 13 km große Gebilde durch einen in Phyllit und Tonschiefer steckenden Granitpluton mit erzführendem Kontakthof. Weitere im Satellitenbild erkennbare "Rundlinge" sind die Rundstruktur von Flechtingen, eine 10 km * 10 km breite Caldera

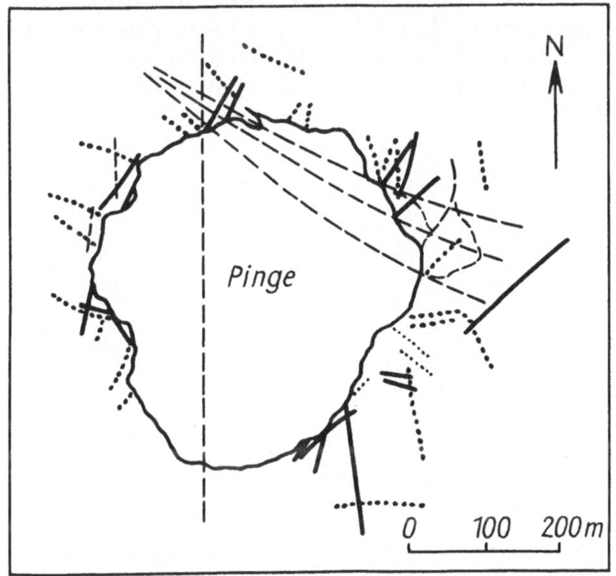

Abb. 56 Ergebnisse von Luftaufnahmen der Pinge Altenberg (Sachsen) [22]
Lineationen: — 1984; ... 1985; --- Risse, Klüfte, Abbruchkanten

des Flechtinger Vulkanitkomplexes, und die Rundstrukturen Urnshausen (Rhön), mehrere auch magnetisch wirksame Basaltschlote bis 150 m Durchmesser.

Eine "aus der Luft gefundene" Lagerstätte von Erzen oder Erdöl-Erdgas hat es in Deutschland bisher noch nicht gegeben und ist auch für die Zukunft wenig wahrscheinlich.

Regelmäßige Luftaufnahmen sind für viele mit dem Bergbau zusammenhängende geotechnische Fragen von großer Wichtigkeit. Der Abbau von Zinnerz bei Altenberg/Sachsen erfolgte unterhalb eines 100 m tiefen und 400 m breiten Einsturztrichters, der Pinge (Abb. 56). Die vom Bergmann geschaffenen *Hohlräume* verursachen ein ständiges Nachbrechen der Pingenböschungen und führen zu Auflockerungsbewegungen im Vorfeld. Durch kontrollierten Abbau wurde hier versucht, der Gefährdung der benachbarten Stadt Altenberg entgegenzuwirken. Flächendeckende Überwachungsvermessungen (Feinnivellements an der Erdoberfläche, Dehnungsmessungen in Schrägbohrungen) am Boden werden nun durch regelmäßige Befliegungen unterstützt, weil Luftbilder aus 3000 m Höhe beginnende Rißbildungen, Auflockerungsbereiche und sich öffnende Kluftzonen offenbaren. Fragen der Einbruchgefährdung, Vorfeldberäumung, Gebäudesanierung und Eigentümerentschädigung können dadurch besser gelöst werden.

Meilensteine

1835 — *William Hopkins* (1793-1866): Begriff "Geophysics" ("Geophysik")

1889 — *Rebeur-Paschwitz* (1861-1895): Erste Registrierung eines Fernbebens (Japan) in Potsdam

1899 — *Emil Wiechert* (1861-1928): Erste Professur für Geophysik (Göttingen)

GRAVIMETRIE

um 1600 — *Galileo Galilei* (1564-1642): Entdeckung des Fallgesetzes

1687 — *Isaac Newton* (1643-1727): Formulierung des Gravitationsgesetzes

um 1690 — *Edmond Halley* (1656-1742): Abhängigkeit der Erdbeschleunigung von der geographischen Breite

um 1750 — *Pierre Bouguer* (1698-1758): Zusammenhang Schwereabweichung - geologischer Untergrund

1798 — *Henry Cavendish* (1731-1810): Bestimmung der Gravitationskonstanten

1833 — *John Herschel* (1792-1871): Vorschlag zum Bau einer Federwaage

um 1860 — *Philipp von Jolly* (1809-1884): Ermittlung des vertikalen Schweregradienten

1902 — *Lorand v. Eötvös* (1848-1919): Doppelbalken-Drehwaage zur Ausmessung des horizontalen Schweregradienten

1918 — *Pollok*: Konstruktion eines Gravimeters

1918 — *Schweydar*: Gravimetrischer Nachweis eines Salzstocks in Norddeutschland

1918 — *Hugo v. Boeck und E.W. Shaw*: Gravimetrischer Nachweis von Antiklinalstrukturen in Texas

1926 — Erste Öllagerstätte durch Drehwaagemessungen gefunden (Spindletop/Texas)

um 1934 — *LaCoste* in USA und *Askania* in Deutschland: Bau von Präzisionsgravimetern

GEOMAGNETIK

2000 v.u.Z.: Kompaß in China bereits bekannt

1544 — *Georg Hartmann* (1489-1564): Inklination des Erdmagnetfeldes

um 1600	*William Gilbert* (1544-1603): Begründer der Lehre vom Erdmagnetismus
um 1660	*Daniel Tilas* (gest. 1672): Grubenkompaß als Anzeiger für magnetische Gesteine
um 1710	*Edmond Halley*: Ortsabhängigkeit der Deklination
1722	*George Graham*: Zeitabhängigkeit der Deklination
1827	*Dominique Arago* (1786-1853): zeitliche Variation der Stärke des Magnetfeldes
um 1835	*Carl Friedrich Gauß* (1777-1855): Mathematische Beschreibung des Erdmagnetfeldes, erste geomagnetische Observatorien (mit Wilhelm Weber)
1798-1803	*Alexander von Humboldt* (1769-1859): Inklinationsmessungen in den Anden
um 1870	*Thalen und Tiberg*: Magnetometer zum übertägigen Nachweis von Eisenerz in Schweden
1874	*T.B. Brooks*: Magnetische Messungen in den USA
um 1898	*M. Eschenhagen*: Geomagnetische Lagerstättensuche im Harz
um 1900	*P.T. Passalskij*: Geomagnetische Vermessung der Lagerstätten Kriwoj Rog (Ukraine) und Kursk (Rußland)
1907	*Adolf Schmidt* (1860-1944): Bau von Magnetwaagen (Schneidenwaage) nach dem Kipp-Prinzip
1948	*Gerhard Fanselau* (1904-1982): Faden- und Bandwaagen (Torsionsprinzip)
1940	*Förster*: Magnetische Meßsonde ("Förster"-Sonde) auf elektromagnetischem Induktionsprinzip zur Gradientenmessung
1958	Protonenmagnetometer zur Messung der Totalintensität

GEOELEKTRIK

1720	*Gray und Wheeler*: Elektrisierbarkeit von Gesteinen
1746	*William Watson* (1715-1787): Leitfähigkeit von Gesteinen
1830	*Fox*: Messung der Eigenelektrizität einer Erzader
um 1840	*F. Reich* (1799-1882): Versuch elektrischer Erzsuche im Freiberger Revier
1849	*Peter Barlow*: Telegraphenlinien zur Messung von Erdströmen
1882	*Carl Barus*: Erfolgreiche Erzsuche bei Comstock Lode (Nevada)

1897	***Williams und Daft***: Flächenhafte Messung der Bodenleitfähigkeit mit Telephonhörer
1904	***C. Hülsmeyer*** (1881-1957): Deutsches Reichspatent zur Reflexion von elektrischen Wellen an leitenden Massen
1912	***Conrad Schlumberger***: Regionalgeologische Erkundung im Calvados-Becken (Südfrankreich) mit natürlichen Erdströmen
1913	***Bergström***: Funkeninduktor als Gleichstromquelle zur geoelektrischen Erkundung
1916	***Frank Wenner***: Patent zur Vierpunktanordnung mit Gleichstrom
um 1920	***C. Schlumberger***: Vierpunktverfahren mit Wechselstrom
1913	***Schilowsky***: Nutzung elektromagnetischer Wellen
1921	***Ambronn***: Elektromagnetik mit Spule
1927	***Conrad und Marcel Schlumberger***: Einsatz der Geoelektrik im Bohrloch
1930	***Hans Cloos***: Einfluß geologischer Störungen auf elektromagnetisches Wechselfeld
1936	***M. Schlumberger***: Apparatur zur Messung des tellurischen Feldes
1958	***E.H. Hedström und D.S. Parasnis***: Aeroelektromagnetik in Schweden
um 1965	Radiowellendurchstrahlung von unterirdischen Salzkörpern
um 1980	Georadar

SEISMIK

1761	***John Michell***: Bebenerschütterungen breiten sich als elastische Vibrationen aus
1823	***Louis Joseph Gay-Lussac*** (1778-1850): Vergleich seismischer Energieausbreitung mit Ausbreitung von Schallwellen in der Luft
1846	***Robert Mallet*** (1810-1881) und ***Wheatstone***: Laufzeitmessung von Explosionswellen in Gestein
um 1880	***James Alfred Ewing*** (1855-1935): Konstruktion eines arbeitsfähigen Bebenschreibers
um 1900	***Emil Wiechert*** (1861-1928): Bau eines Seismographen mit vieltausendfacher Verstärkung; Erste Professur für Geophysik (Göttingen)
1904	***Boris Golizyn*** (1862-1916): Elektrische Aufnahme der Bodenbewegung

1908	*Ludger Mintrop* (1880-1956): Anregung und Messung kurzperiodischer Raumwellen in Göttingen
um 1912	*L. Mintrop*: Transportable Vertikalseismographen
1914	*R. Fessenden*: Patent zur Reflexionsseismik
1919	*L. Mintrop*: Refraktionsprinzip (Mintropwelle); Reichspatent zur Refraktionsseismik
1922	*L. Mintrop*: Ra-Meßtrupp in USA zur Salzstocksuche
nach 1920	*Karcher*: Versuche zur Erdölprospektion mit Rx-Seismik in den USA
um 1953	Erste Magnetbandregistrierungen von seismischen Wellen
um 1955	Verstärkter Einsatz von Impuls- und Vibrationsquellen
um 1965	Einführung einer umfassenden Signalbearbeitung
ab 1973	Einführung 3D-Seismik

GEORADIOMETRIE

1896	*Henri Becquerel* (1852-1908): Ionisierende Strahlung von Pechblende
1905	*G.v.d. Borne*: Nachweis der Radioaktivität von Erzen mit Ionisationskammer
1908	*A. Gockel und T. Wulf*: Messung der Gesteinsstrahlung im Simplon-Tunnel
1910	*A.S. Eve und D. McIntosh*: Erste Strahlungsmessungen im Bohrloch
1918	*R. Ambronn*: Entdeckung erhöhter α-Strahlung über Verwerfungen bei Blankenburg/Harz
um 1920	*W.I. Wernadski* (1863-1945): Grundlegende Arbeiten zur radioaktiven Erkundung
1938	*T.F.W. Barth*: Radiumanteile in Graniten Finnlands mit Massenspektrometern
1940	*W.U. Unkowskaja*: Lumineszenzmethode zur Uranbestimmung an Gesteinen
1944	*N.B. Keevil*: U/Th-Verhältnis von Magmatiten
1958	*J.A. Adams und C.E. Weaver*: Radioaktivität zur Klassifizierung von Sedimentgesteinen
ab 1950	Messung der γ-Aktivität aus der Luft (Aeroradiometrie)
ab 1960	Beginn des Einsatzes von γ-Spektrometrie, Neutronenaktivierung und Isotopentrennung

GEOTHERMIE

1556	*G. Agricola* (1494-1555): Temperaturerhöhung über Erzgängen (in "De re metallica")
1671	*R. Boyle* (1627-1691): Geothermische Tiefenstufe
1834	*F. Reich*: Temperaturzunahme in der Tiefe (1 K pro 33.5m im sächsischen Erzgebirge)
1836	*Henwood*: Temperaturunterschiede zwischen verschiedenen Gesteinen
1874	*Janettaz*: Meßdaten zur Wärmeleitung von Böden und Gesteinen
1882	*Becker*: Erdtemperaturen in Comstock Lode (Nevada) über Erzen
1893	*Daubree*: Erdölsuche im Elsaß mit geothermischen Messungen
1924	*Koenigsberger*: Temperaturmessungen über Steinsalz- und Gipslagerstätten
1939	Temperaturprofile in Bohrungen
ab 1960	Herstellung thermischer Strahlungsdetektoren zur Messung aus großen Entfernungen (Flugzeug, Satellit)

GEOFOTOGRAFIE

1858	*Tournachon*: Fotografie aus Freiballon (Paris)
um 1930	Erste Luftbildauswertungen für geologische Zwecke (Kartierung)
1957	Sputnik 1: Beginn der Geofernerkundung
1972	ERTS (Earth Resources Technology Satellite) planmäßige Erkundung der Erdoberfläche
1975	LANDSAT-Programm zur optischen Erforschung der Erdoberfläche

Tabelle 3 Physikalische Größen in der Geophysik und ihre SI-Einheiten

Größe	Zeichen	SI-Einheit		bisher gebräuchliche Einheiten		Faktor für Umrechnung in SI
		Grundgröße	Name	Grundgröße	Name	
GRAVIMETRIE						
Dichte	d	$kg \cdot m^{-3}$		$g \cdot cm^{-3}$		10^{-3}
Schwere-beschleunigung	g	$m \cdot s^{-2}$ $\mu m \cdot s^{-2}$		Gal mGal		10^{-2} 10^{1}
Schwere-gradient	$\Delta g/\Delta x$	s^{-2}		E 1 E=0.1mGal $\cdot km^{-1}$	Eötvös	10^{-9}
Kraft	F	$N=kgm \cdot s^{-2}$	N (Newton)	dyn		10^{-5}
Gewicht	G	N	N (Newton)	kp	Kilopond	9.80655
MAGNETIK						
Suszeptibili-tät	$\varkappa$	dimen-sionslos				4π
Feldstärke	H	$A \cdot m^{-1}$		Oe	Oersted	$7.96 \cdot 10^{1}$
Magnetisierung	M	$A \cdot m^{-1}$		Oe	Oersted	$7.96 \cdot 10^{1}$
Induktion	B	$T=Vs \cdot m^{-2}$	T (Tesla)	Γ	Gauß	10^{-4}
Induktionsfluß	Φ	Wb=Vs	Wb (Weber)	γ	Gamma 1γ=1nT	10^{-9}
Permeabili-tätszahl	μ	dimen-sionslos				1

ELEKTRIK						
Widerstand (Resistanz)	R	$\Omega=V\cdot A^{-1}$	Ω (Ohm)			
Leitwert (Konduktanz)	G	$A\cdot V^{-1}$	S (Siemens)	1 S=1 Ω^{-1}		
Leitfähigkeit (Konduktivität)	σ	$S\cdot m^{-1}$	S (Siemens)	$\Omega^{-1}m^{-1}$		
Spezifischer Widerstand (Resistivität)	ρ	$\Omega m=m^{3}kg\cdot s^{-3}\cdot A^{-2}$	Ωm (Ohmmeter)	Ωm	Ohmmeter	
Querwiderstand	T	Ωm^{2}		ρ·h (h=Schichtdicke)		
Längsleitfähigkeit	S	Ω^{-1}		σ·h		
Dielektrizitätskonstante (Permittivität)	ε	$F\cdot m^{-1}=As\cdot V^{-1}m^{-1}$	F (Farad)			
SEISMIK						
Geschwindigkeit	v	$m\cdot s^{-1}$				
Schallhärte	I	$kg\cdot m^{-2}s^{-1}$				
Elastizitätsmodul	E	$Pa=kg\cdot m^{-1}\cdot s^{-2}$	Pa (Pascal)	$kp\cdot cm^{-2}$	bar	$1.02\cdot 10^{-5}$

Kompressions-modul	K	$Pa=kg \cdot m^{-1} \cdot s^{-2}$	Pa (Pascal)	$kp \cdot cm^{-2}$	bar	$1.02 \cdot 10^{-5}$
Schermodul	G	$Pa=kg \cdot m^{-1} \cdot s^{-2}$	Pa (Pascal)	$kp \cdot cm^{-2}$	bar	$1.02 \cdot 10^{-5}$
Absorptions-koeffizient	α	m^{-1}				
spez. Absorption	k	$s \cdot m^{-1}$				
Gütefaktor	Q	dimensionslos $Q=f\pi \cdot \alpha^{-1} v^{-1}$				
RADIOMETRIE						
Aktivität	A	$Bq=s^{-1}$	Bq (Becquerel)	Ci	Curie	$3.7 \cdot 10^{-10}$
Energiedosis	D	$Gy=J \cdot kg^{-1}$	Gy (Gray)	rd	Rad	10^{2}
Exposition (Ionendosis)	X	$C \cdot kg^{-1} = As \cdot kg^{-1}$	C (Coulomb)	R	Röntgen	$3.9 \cdot 10^{3}$
Expositions-leistung (Dosis-leistung)		$C \cdot kg^{-1} s^{-1} = A \cdot kg^{-1}$		R/h		$1.4 \cdot 10^{7}$
GEOTHERMIE						
Spez. Wärmekapazität	c	$J \cdot kg^{-1} K^{-1}$		$cal \cdot g^{-1} grd^{-1}$		$4.19 \cdot 10^{3}$

Wärme-produktion	A	$W \cdot m^{-3}$		$cal \cdot cm^{-3}s^{-1}$ 1 HGU=10^{-13} $cal \cdot cm^{-3}s^{-1}$	Heat Generation Unit	$4.19 \cdot 10^{6}$ $4.19 \cdot 10^{-7}$
Wärmefluß	q	$W \cdot m^{-2}s^{-1}$		$cal \cdot cm^{-2}s^{-1}$ 1HFU=10^{-6} $\cdot cal \cdot cm^{-2}s^{-1}$	Heat Flow Unit	$4.19 \cdot 10^{4}$ $4.19 \cdot 10^{-2}$
Wärmeleit-fähigkeit	λ	$W \cdot m^{-1}K^{-1}$		$cal \cdot cm^{-1}$ $\cdot grd^{-1}s^{-1}$		$4.19 \cdot 10^{2}$
Temperatur-gradient	ΔT	$K \cdot m^{-1}$		$°C \cdot m^{-1}$		
Temperatur-leitfähigkeit	a	$m^{2} \cdot s^{-1}$		$cm^{2}s^{-1}$		10^{-4}

Quellenverzeichnis

[1] Lüttig (1979): in Negendank: Massenrohstoffe in Rheinland-Pfalz. Geol. Jahrbuch, Reihe D, Heft 74, Hannover 1985.

[2] Neumann, W.: Schatzsucher unserer Zeit. Leipzig: VEB Verlag Enzyklopädie 1961.

[3] Rösler, R.: Theoretische Grundlagen der angewandten Gravimetrie und Magnetik. In [11].

[4] Meinhold, R.; Pätz, H.: Erdöl und Erdgas - vom Plankton bis zur Pipeline. Leipzig: B.G.Teubner 1979.

[5] Schössler, K.: Möglichkeiten der gravimetrischen Erkundung von Lagerungsstörungen känozonischer Sedimente. Geophysik und Geologie, Bd.III, H.4, Berlin: Akademie - Verlag 1987.

[6] Lindner, H.; Adlung, A.; Weller, A.: Ergebnisse gravimetrischer Messungen an der Burgruine Tharandt. Zeitschrift für angewandte Geologie 28 (3), Berlin 1982.

[7] Kertz, W.: Einführung in die Geophysik I. Mannheim, Wien, Zürich: Bibliographisches Institut 1969.

[8] Slack, H.A.; Lynch, V.M.; Langan, L.: The geomagnetic gradiometer. Geophysics, 32 (5), Tulsa 1967.

[9] Breiners, S. in: Militzer, H.; Schön, J.; Stötzner, U.: Angewandte Geophysik im Ingenieur- und Bergbau, Stuttgart: Enke-Verlag 1986.

[10] Haalck, H.: Lehrbuch der angewandten Geophysik. Teil I. Berlin: Verl. Gebr. Borntraeger 1953.

[11] Militzer, H.; Weber, F.: Angewandte Geophysik. Wien: Springer Verlag; Berlin: Akademie-Verlag 1985.

[12] Telford, W.M.; Geldart, L.P.; Sheriff, R.E.: Applied Geophysics. Cambridge: Cambridge University Press 1990.

[13] Strack, K.-M.: Case histories of LOTEM surveys in hydrocarbon perspective areas. First Break, 7 (12), 1989.

[14] Fa. Händel und Illich. Firmenprospekt 1990.

[15] Atlas Copco ABEM. Firmenprospekt 1988.

[16] Neumann, W.; Jacobs, F.; Tittel, B.: Erdbeben. Leipzig: B.G.Teubner, 2. Aufl. 1989.

[17] Blacquiere, G.; Duijndam, A.J.W.; Romijn, R.: Efficient x-f-depth migration of shot records: practical aspects. First Break, 9 (1), 1991, S. 9-23.

[18] DEKORP Research Group: Results of the DEKORP4/KTB Oberpfalz deep seismic reflection investigations. J. Geophys. (1988), 62, S.69-101.

[19] Kappelmeyer, O.: Geothermik. In Bender,F.: Angewandte Geowissenschaften. Band II. Stuttgart: Enke-Verlag 1985.

[20] Kronberg, P.: Fernerkundung der Erde. Stuttgart: Enke-Verlag 1985.

[21] Krulc, Z.: Einige Einsatzmöglichkeiten und praktische Ergebnisse der Geophysik bei der Erschließung von Karst- und Thermalwässern. Geologie, 20 (8), Berlin 1971.

[22] Kühn, F. und Schilka, W.: Anwendung der Geofernerkundung für die Untersuchung des Vorfeldes der Altenberger Pinge. Zeitschrift für angewandte Geologie 34 (8), Berlin 1988.

[23] Fotos: Körner, Werdau.

[24] Mareš, S.: Introduction to Applied Geophysics. Dordrecht: Reidel Publishing Company 1984.

Sachverzeichnis

Kadeřávek

Geometrie und Kunst in früherer Zeit

Die Wechselwirkungen zwischen Geometrie und Kunst sind uralt.

Dieses Buch veranschaulicht anhand ausgewählter Beispiele aus dem Bauwesen und der Malerei die Anwendungen geometrischer Kenntnisse, beginnend im alten Ägypten bis hin zur Neuzeit.

So werden beispielsweise geometrische Konstruktionen am Grundriß des Tempels von Luxor, an der Fassade der Cancellaria in Rom, am Turm des Stephansdoms in Wien und an zahlreichen Details des Prager Veitsdoms sowie auch an der Entwicklung der Steinmetzzeichen erläutert.

Von
František Kadeřávek
Herausgegeben und mit Anmerkungen versehen von Z. Nádeník, Prag, und P. Schreiber, Greifswald

1992. 104 Seiten mit 77 Bildern.
13,7 × 20,5 cm.
Kart. DM 16,80
ISBN 3-8154-2024-5
(Einblicke in die Wissenschaft – Mathematik)

B. G. Teubner Verlagsgesellschaft
Stuttgart · Leipzig